T0225116

Formelsammlung für das Vermessungswesen

Franz Josef Gruber · Rainer Joeckel

Formelsammlung für das Vermessungswesen

21. Auflage

 Springer Vieweg

Franz Josef Gruber
Laupheim, Deutschland

Rainer Joeckel
Stuttgart, Deutschland

ISBN 978-3-658-37872-1   ISBN 978-3-658-37873-8   (eBook)
https://doi.org/10.1007/978-3-658-37873-8

Die Deutsche Nationalbibliothek verzeichnet diese Publikation in der Deutschen Nationalbibliografie; detaillierte bibliografische Daten sind im Internet über http://dnb.d-nb.de abrufbar.

Springer Vieweg ist ein Imprint der eingetragenen Gesellschaft Springer Fachmedien Wiesbaden GmbH und ist ein Teil von Springer Nature.
Die Anschrift der Gesellschaft ist: Abraham-Lincoln-Str. 46, 65189 Wiesbaden, Germany

Vorwort

Diese Formelsammlung wendet sich sowohl an Technikerinnen/Techniker in der Ausbildung und an Ingenieurinnen/Ingenieure im Studium als auch an alle in der Praxis tätigen Personen in der Vermessung, im Bauwesen und in der Architektur. Die kompakten und übersichtlich gestalteten Themen sollen in der Ausbildung und in der Berufspraxis eine Hilfe sein.

Auch nach der Herausgabe der 20. Auflage sind wieder Ergänzungs- und Verbesserungsvorschläge eingegangen, wofür wir herzlich danken.

Die jetzt vorliegende 21. Auflage wurde komplett überarbeitet und aktualisiert. Ein herzlicher Dank an die Herren Dr. Markus Gruber und Dr. Tobias Gruber für die Unterstützung bei der Gestaltung des Layouts und der Umstellung auf die Software LaTeX sowie an Herrn Prof. Dr. Gerit Austen für die Durchsicht der neuen Auflage.

Wir hoffen, dass wir auch weiterhin durch Vorschläge unserer Leser unterstützt werden.

September 2022

Franz Josef Gruber   Rainer Joeckel
franz-josef.gruber@web.de   rainer.joeckel@hft-stuttgart.de

Inhaltsverzeichnis

Römische Zahlen

I =	1	XL =	40
II =	2	L =	50
III =	3	LX =	60
IV =	4	LXX =	70
V =	5	LXXX =	80
VI =	6	XC =	90
VII =	7	XCIX =	99
VIII =	8	C =	100
IX =	9	CC =	200
X =	10	CCC =	300
XI =	11	CD =	400
XII =	12	D =	500
XIII =	13	DC =	600
XIV =	14	DCC =	700
XV =	15	DCCC =	800
XVI =	16	CM =	900
XVII =	17	CMXC =	990
XVIII =	18	CMXCIX =	999
XIX =	19	M =	1000
XX =	20	MCM =	1900
XXIX =	29	MM =	2000
XXX =	30	MMM =	3000

1 Allgemeine Grundlagen

1.1 Griechisches Alphabet

A, α Alpha	H, η Eta	N, ν Ny	T, τ Tau
B, β Beta	Θ, ϑ Theta	Ξ, ξ Xi	Υ, υ Ypsilon
Γ, γ Gamma	I, ι Jota	O, o Omikron	Φ, ϕ Phi
Δ, δ Delta	K, κ Kappa	Π, π Pi	X, χ Chi
E, ε Epsilon	Λ, λ Lambda	P, ρ Rho	Ψ, ψ Psi
Z, ζ Zeta	M, μ My	Σ, σ Sigma	Ω, ω Omega

1.2 Mathematische Zeichen - Zahlen

$=$	gleich	$\Rightarrow$	daraus folgt	...	und so weiter
$\neq$	ungleich	$\Longleftrightarrow$	Aussagen sind gleichwertig	$\overline{AB}$	Strecke AB
$\sim$	ähnlich	$\in$	Element von	$\triangle$	Dreieck
$\approx$	angenähert	$\sum, [\ ]$	Summe von	$\cong$	kongruent
$\hat{=}$	entspricht	$\sqrt[n]{\ }$	n-te Wurzel aus	∞	unendlich
$<$	kleiner als	$\operatorname{sgn} x$	signum $x(1, 0, -1)$	$\lim$	Grenzwert
$>$	größer als	$|a|$	Betrag von a	$e \approx$	2,718281828
$\leq$	kleiner oder gleich	$n!$	n Fakultät; $n! = 1 \cdot 2 \cdot \ldots \cdot n$	$\pi \approx$	3,141592654
$\geq$	größer oder gleich	ppm	parts per million; $1\,\text{ppm} = 1 \cdot 10^{-6}$	%	Prozent

1.3 Reelle Zahlen

Die reellen Zahlen $\mathbb{R}$ umfassen:

- rationale Zahlen $\quad \mathbb{Q} = \left\{ \dfrac{p}{q} \quad \text{mit} \quad p \in \mathbb{Z}, \quad q \in \mathbb{Z} \quad \text{und} \quad q \neq 0 \right\}$

  ganze Zahlen $\mathbb{Z} = \{..., -2, -1, 0, 1, 2, ...\}$

  natürliche Zahlen $\mathbb{N} = \{0, 1, 2, 3, ...\}$

- irrationale Zahlen $\mathbb{R} \setminus \mathbb{Q} =$ die Menge aller Elemente von $\mathbb{R}$, die nicht in $\mathbb{Q}$ liegen

  algebraische irrationale Zahlen z.B. quadratische Wurzeln aus Nicht-Quadratzahlen wie $\sqrt{2}$

  transzendente irrationale Zahlen z.B. $\pi = 3,14159...$

© Springer Fachmedien Wiesbaden GmbH, ein Teil von Springer Nature 2022
F. J. Gruber und R. Joeckel, *Formelsammlung für das Vermessungswesen*,
https://doi.org/10.1007/978-3-658-37873-8_1

1.4 Maßeinheiten und Maßverhältnisse

1.4.1 Definition der Maßeinheiten und ihre Ableitungen

Vielfache und Teile von Einheiten

Vorsatz	Vorsatzzeichen	Zehnerpotenz
Peta	P	$= 10^{15}$
Tera	T	$= 10^{12}$
Giga	G	$= 10^9$
Mega	M	$= 10^6$
Kilo	k	$= 10^3$
Hekto	h	$= 10^2$
Deka	da	$= 10^1$
Dezi	d	$= 10^{-1}$
Zenti	c	$= 10^{-2}$
Milli	m	$= 10^{-3}$
Mikro	µ	$= 10^{-6}$
Nano	n	$= 10^{-9}$
Piko	p	$= 10^{-12}$
Femto	f	$= 10^{-15}$

Für das Vermessungswesen wichtige Basiseinheiten

Basisgröße	Einheit	Symbol	Definition
Zeit	Sekunde	s	1 Sekunde ist definiert als das 9 192 631 770 fache der Periodendauer der Strahlung, die dem Übergang zwischen den beiden Hyperfeinstrukturniveaus des Grundzustands von Atomen des Nuklids 133-Cäsium entspricht.
Länge	Meter	m	1 Meter ist definiert als die Länge einer Strecke, die Licht im Vakuum während des Intervalls von 1/299 792 458 Sekunden durchläuft.
Masse	Kilogramm	kg	1 Kilogramm ist definiert als $h/6{,}626\,070\,15 \cdot 10^{-34}\dfrac{s}{m^2}$ mit der Planck-Konstante $h = 6{,}626\,070\,15 \cdot 10^{-34}\,kg \cdot \dfrac{m^2}{s}$

Wichtige abgeleitete Einheiten

Größe	Einheit	Kurzzeichen der Einheit
Fläche	Quadratmeter	m^2
Volumen	Kubikmeter	m^3
ebener Winkel	Radiant	$1\,\text{rad} = 1\,\dfrac{m}{m} = 1$
Geschwindigkeit	Meter pro Sekunde	$\dfrac{m}{s}$; $1\,\dfrac{m}{s} = 3,6\,\dfrac{km}{h}$
Frequenz	Hertz	$1\,\text{Hz} = \dfrac{1}{s}$
Kraft	Newton	$1\,\text{N} = 1\,\text{kg} \cdot \dfrac{m}{s^2}$
Druck	Pascal	$1\,\text{Pa} = 1\,\dfrac{N}{m^2}$
Arbeit, Energie	Joule	$1\,\text{J} = 1\,\text{kg} \cdot \dfrac{m^2}{s^2}$
Leistung	Watt	$1\,\text{W} = 1\,\text{kg} \cdot \dfrac{m^2}{s^3}$

Längenmaße

Aus der Längeneinheit **Meter** abgeleitete Längenmaße:

$$
\begin{aligned}
1\,000\,m &= 10^3\,m &&= 1\,km &&= 1\,\text{Kilometer} \\
100\,m &= 10^2\,m &&= 1\,hm &&= 1\,\text{Hektometer} \\
10\,m &= 10^1\,m &&= 1\,dam &&= 1\,\text{Dekameter} \\
0,1\,m &= 10^{-1}\,m &&= 1\,dm &&= 1\,\text{Dezimeter} \\
0,01\,m &= 10^{-2}\,m &&= 1\,cm &&= 1\,\text{Zentimeter} \\
0,001\,m &= 10^{-3}\,m &&= 1\,mm &&= 1\,\text{Millimeter} \\
0,000\,001\,m &= 10^{-6}\,m &&= 1\,\mu m &&= 1\,\text{Mikrometer}
\end{aligned}
$$

Flächenmaße

Aus der Flächeneinheit **Quadratmeter** abgeleitete Flächenmaße:

$$
\begin{aligned}
1\,000\,000\,m^2 &= 10^6\,m^2 &&= 1\,km^2 &&= 1\,\text{Quadratkilometer} \\
10\,000\,m^2 &= 10^4\,m^2 &&= 1\,ha &&= 1\,\text{Hektar} \\
100\,m^2 &= 10^2\,m^2 &&= 1\,a &&= 1\,\text{Ar} \\
0,01\,m^2 &= 10^{-2}\,m^2 &&= 1\,dm^2 &&= 1\,\text{Quadratdezimeter} \\
0,000\,1\,m^2 &= 10^{-4}\,m^2 &&= 1\,cm^2 &&= 1\,\text{Quadratzentimeter} \\
0,000\,001\,m^2 &= 10^{-6}\,m^2 &&= 1\,mm^2 &&= 1\,\text{Quadratmillimeter}
\end{aligned}
$$

Raummaße

Aus der Volumeneinheit **Kubikmeter** abgeleitete Raummaße:

$0{,}001\,\text{m}^3 = 10^{-3}\,\text{m}^3 = 1\,\text{dm}^3 = 1\,\text{Kubikdezimeter} = 1\,\text{Liter}$
$0{,}000\,001\,\text{m}^3 = 10^{-6}\,\text{m}^3 = 1\,\text{cm}^3 = 1\,\text{Kubikzentimeter}$

Zeitmaße

Aus der **Sekunde** abgeleitete Zeitmaße:

$\begin{aligned}
60\,\text{s} &= 1\,\text{min} &&= 1\,\text{Minute} \\
3\,600\,\text{s} &= 1\,\text{h} &&= 1\,\text{Stunde} \\
86\,400\,\text{s} &= 1\,\text{d} &&= 1\,\text{Tag}
\end{aligned}$

Winkelmaße

Einheit des Winkels ist der Radiant (rad)

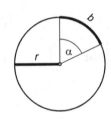

Definition
$$\alpha = \frac{b}{r} = \frac{Bogenlänge}{Radius}$$

$1\,\text{rad} = \text{Winkel } \alpha \text{ für } b = r = 1$

$1\,\text{Vollwinkel} = 2\pi\,\text{rad}$ $\qquad \pi \approx 3{,}141592654 \approx \dfrac{355}{113}$ grobe Näherung

$1\,\text{rad} \qquad = \dfrac{180°}{\pi} = \dfrac{200\,\text{gon}}{\pi}$

Sexagesimalteilung:

$\begin{aligned}
1\,\text{Vollwinkel} &= 360° \;\text{(Grad)} \\
1° &= 60' \;\text{(Minuten)} \\
1' &= 60'' \;\text{(Sekunden)}
\end{aligned}$

Zentesimalteilung:

$\begin{aligned}
1\,\text{Vollwinkel} &= 400\,\text{gon} \;\text{(Gon)} \\
1\,\text{gon} &= 1\,000\,\text{mgon} \;\text{(Milligon)}
\end{aligned}$

Bezeichnung bei Taschenrechnern:

degree (**DEG**) = Grad   grad (**GRAD**) = Gon   **RAD** = rad

Umwandlung Grad - Gon- Radiant

$$1° \mathrel{\widehat{=}} \frac{10}{9}\,\text{gon} \mathrel{\widehat{=}} \frac{\pi}{180}\,\text{rad} \qquad 1\,\text{gon} \mathrel{\widehat{=}} 0{,}9° \mathrel{\widehat{=}} \frac{\pi}{200}\,\text{rad} \qquad 1\,\text{rad} \mathrel{\widehat{=}} \frac{180°}{\pi} \mathrel{\widehat{=}} \frac{200\,\text{gon}}{\pi}$$

Vermessungstechnisches Sonderzeichen ρ:

$$\rho° = \frac{180°}{\pi} = 57{,}295779\ldots \qquad \rho(\text{gon}) = \frac{200\,\text{gon}}{\pi} = 63{,}661977\ldots$$

1.4.2 Maßverhältnisse

Maßstab M

$$M = \frac{\text{Strecke in der Karte}}{\text{Strecke in der Natur}} = \frac{s_K}{s_N} = \frac{1}{m} \qquad m = \textit{Maßstabszahl}$$

Strecke in der Natur $\boxed{s_N = s_K \cdot m}$

Strecke in der Karte $\boxed{s_K = \dfrac{s_N}{m}}$

Maßstabsumrechnung bei Längen

$$s_N = s_{K_1} \cdot m_1 = s_{K_2} \cdot m_2$$

$$\boxed{\frac{s_{K_1}}{s_{K_2}} = \frac{m_2}{m_1}}$$

$s_{K_1} = \textit{Strecke in der Karte 1}$
$s_{K_2} = \textit{Strecke in der Karte 2}$
$m_1 = \textit{Maßstab der Karte 1}$
$m_2 = \textit{Maßstab der Karte 2}$

Maßstab und Flächen

Fläche in der Natur $\boxed{F_N = a_N \cdot b_N}$

Fläche in der Karte $\boxed{F_K = a_K \cdot b_K}$

$$F_N = a_N \cdot b_N = a_K \cdot m \cdot b_K \cdot m$$

$$\boxed{F_N = F_K \cdot m^2} \qquad m = \textit{Maßstabszahl}$$

Maßstabsumrechnung bei Flächen

$$F_N = F_{K_1} \cdot m_1^2 = F_{K_2} \cdot m_2^2$$

$$\boxed{\frac{F_{K_1}}{F_{K_2}} = \frac{m_2^2}{m_1^2}}$$

$F_{K_1} = \textit{Fläche in der Karte 1}$
$F_{K_2} = \textit{Fläche in der Karte 2}$
$m_1 = \textit{Maßstab der Karte 1}$
$m_2 = \textit{Maßstab der Karte 2}$

1.5 DIN Papierformate

1.5.1 DIN Blattgrößen (DIN 476)

Grundsätze des Formataufbaus

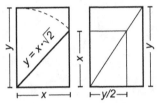

Fläche F_0 des Ausgangsformats A0

$$F_0 = x \cdot y = 1\,m^2$$

$$x : y = 1 : \sqrt{2} \;\Rightarrow\; y = x \cdot \sqrt{2}$$

Die Flächen zweier aufeinanderfolgender Formate verhalten sich wie 2 : 1.

DIN Blattgrößen

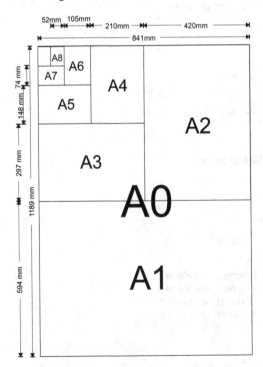

Format	mm
A0	841 × 1189
A1	594 × 841
A2	420 × 594
A3	297 × 420
A4	210 × 297
A5	148 × 210
A6	105 × 148
A7	74 × 105
A8	52 × 74

1.5.2 DIN Faltungen auf Ablageformat (nach DIN 824)

1. mit ausgefaltetem, gelochtem Heftrand für Ablage mit Heftung

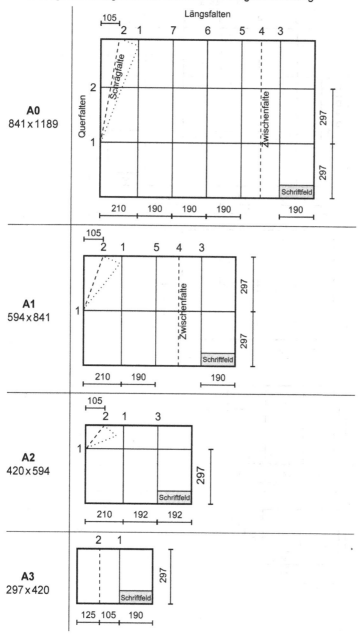

2. zur Ablage ohne Heftung z. B. in Fächern oder Taschen

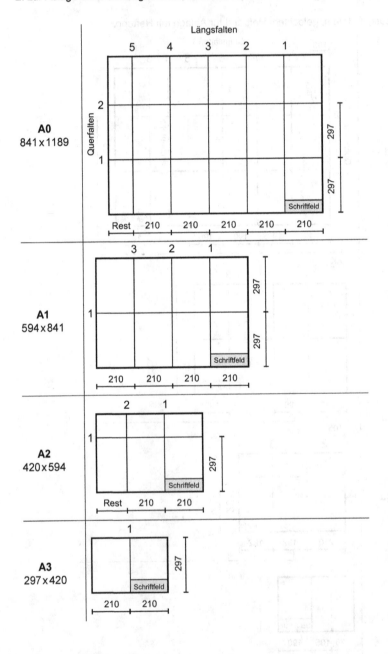

2 Mathematischen Grundlagen

2.1 Mathematische Grundbegriffe

2.1.1 Grundgesetze

Kommutativgesetze

$$a + b = b + a$$

$$a \cdot b = b \cdot a$$

Assoziativgesetze

$$(a + b) + c = a + (b + c)$$

$$(a \cdot b) \cdot c = a \cdot (b \cdot c)$$

Distributivgesetz

$$a \cdot (b + c) = a \cdot b + a \cdot c$$

2.1.2 Gesetze der Anordnung

$$a < b \Leftrightarrow b > a \Leftrightarrow (b - a) > 0$$

Aus $a < b$ folgt: $a + c < b + c$ $a \cdot c < b \cdot c$ wenn $c > 0$

Aus $a < b$ folgt: $-a > -b$ $\dfrac{1}{a} > \dfrac{1}{b}$ wenn $a > 0$

2.1.3 Absoluter Betrag - Signum

Definitionen   **Gesetze**

	Betrag a	Signum a
$a > 0$	$|a| = a$	$\mathrm{sgn}\, a = 1$
$a = 0$	$|a| = 0$	$\mathrm{sgn}\, a = 0$
$a < 0$	$|a| = -1 \cdot a$	$\mathrm{sgn}\, a = -1$

$|a + b| \leq |a| + |b|$ (Dreiecksungleichung)

$|a - b| \geq |a| - |b|$

$|a_1 + a_2 + \ldots + a_n| \leq |a_1| + |a_2| + \ldots + |a_n|$

2.1.4 Bruchrechnen

Erweitern	$\dfrac{a}{b} = \dfrac{a \cdot z}{b \cdot z}$	Kürzen	$\dfrac{a \cdot z}{b \cdot z} = \dfrac{a \cdot z : z}{b \cdot z : z} = \dfrac{a}{b}$
Addition	$\dfrac{a}{b} + \dfrac{c}{d} = \dfrac{a \cdot d + b \cdot c}{b \cdot d}$	Subtraktion	$\dfrac{a}{b} - \dfrac{c}{d} = \dfrac{a \cdot d - c \cdot b}{b \cdot d}$
Multiplikation	$\dfrac{a}{b} \cdot \dfrac{c}{d} = \dfrac{a \cdot c}{b \cdot d}$	Division	$\dfrac{a}{b} : \dfrac{c}{d} = \dfrac{a \cdot d}{b \cdot c}$

Nenner stets ungleich Null

© Springer Fachmedien Wiesbaden GmbH, ein Teil von Springer Nature 2022
F. J. Gruber und R. Joeckel, *Formelsammlung für das Vermessungswesen*,
https://doi.org/10.1007/978-3-658-37873-8_2

2.1.5 Lineare Gleichungssysteme

$a_1 x + b_1 y = c_1$
$a_2 x + b_2 y = c_2$

$$x = \frac{c_1 b_2 - c_2 b_1}{a_1 b_2 - a_2 b_1} \qquad y = \frac{a_1 c_2 - a_2 c_1}{a_1 b_2 - a_2 b_1}$$

eindeutige Lösung, wenn: $D = a_1 b_2 - a_2 b_1 \neq 0$

2.1.6 Quadratische Gleichungen

Allgemeine Form: $ax^2 + bx + c = 0$ $\qquad x_{1,2} = \dfrac{-b \pm \sqrt{b^2 - 4ac}}{2a} \qquad D = b^2 - 4ac$

Normalform: $\qquad x^2 + px + q = 0$ $\qquad x_{1,2} = -\dfrac{p}{2} \pm \sqrt{\left(\dfrac{p}{2}\right)^2 - q} \qquad D = \left(\dfrac{p}{2}\right)^2 - q$

$D > 0$: 2 Lösungen
$D = 0$: 1 Lösung
$D < 0$: keine reelle Lösung

2.1.7 Potenzen - Wurzeln

Definitionen

a^n = Produkt von n gleichen Faktoren a $\qquad a^1 = a, \quad a^0 = 1 \ (a \neq 0)$

$\sqrt[n]{a} = x \iff x^n = a$

Rechenregeln

$a^m \cdot a^n = a^{m+n}$	$\sqrt[n]{a} \cdot \sqrt[n]{b} = \sqrt[n]{a \cdot b}$	$a^{-n} = \dfrac{1}{a^n}$
$a^m : a^n = a^{m-n}$	$\sqrt[n]{a} : \sqrt[n]{b} = \sqrt[n]{\dfrac{a}{b}}$	$a^{\frac{1}{n}} = \sqrt[n]{a}$
$(a^m)^n = a^{m \cdot n}$	$\left(\sqrt[n]{a}\right)^m = \sqrt[n]{a^m}$	$a^{\frac{m}{n}} = \sqrt[n]{a^m}$
$a^n \cdot b^n = (a \cdot b)^n$	$\sqrt[m]{\sqrt[n]{a}} = \sqrt[m \cdot n]{a}$	$a^{-\frac{m}{n}} = \dfrac{1}{\sqrt[n]{a^m}}$
$a^n : b^n = (a : b)^n$		

2.1.8 Logarithmen

Definition

$$\boxed{x = \log_b a \iff b^x = a}\quad a, b > 0 \text{ und } b \neq 1$$

$$\Rightarrow \quad \log_b b = 1; \log_b 1 = 0$$

Rechengesetze   **Sonderfälle**

$$\boxed{\log_a u \cdot v = \log_a u + \log_a v}\qquad \log_{10} x = \lg x$$

$$\boxed{\log_a \left(\frac{u}{v}\right) = \log_a u - \log_a v}\qquad \log_e x = \ln x$$

$$\boxed{\log_a u^n = n \cdot \log_a u}\qquad \log_2 x = \text{lb } x$$

$$\boxed{\log_a \sqrt[n]{u} = \frac{1}{n} \cdot \log_a u}$$

Umrechnung von Basis g auf Basis b

$$\log_b x = \log_b g \cdot \log_g x\qquad \log_b g \cdot \log_g b = 1$$

$$\lg x = \lg e \cdot \ln x = 0{,}434294 \ln x$$

$$\ln x = \ln 10 \cdot \lg x = 2{,}302585 \lg x$$

2.1.9 Folgen - Reihen

Folge $a_1, a_2, \ldots, a_n$

Arithmetische Folge $\boxed{a_n = a_1 + (n-1)d}$ $d = a_n - a_{n-1} = \text{konstant}$

Geometrische Folge $\boxed{a_n = a \cdot q^{n-1}}$ $q = \dfrac{a_n}{a_{n-1}} = \text{konstant}$

Reihe $a_1 + a_2 + \ldots + a_n = \sum\limits_{k=1}^{n} a_k = s_n$

Arithmetische Reihe $\boxed{s_n = \dfrac{n}{2}(a_1 + a_n)}$

Geometrische Reihe $\boxed{s_n = a \cdot \dfrac{q^n - 1}{q - 1} = a \cdot \dfrac{1 - q^n}{1 - q}}$ $q \neq 1$

Unendliche geometrische Reihe $\boxed{s = \lim\limits_{n \to \infty} s_n = \dfrac{a}{1 - q}}$ $|q| < 1$

2.1.10 Binomischer Satz

Allgemeiner binomischer Satz

$$(a+b)^n = \binom{n}{0}a^n + \binom{n}{1}a^{n-1}b + \binom{n}{2}a^{n-2}b^2 + \ldots + \binom{n}{n-1}ab^{n-1} + \binom{n}{n}b^n$$

Binomialkoeffizienten

$$\binom{n}{k} = \frac{n(n-1)\cdot(n-2)\cdot\ldots\cdot(n-k+1)}{1\cdot 2\cdot 3\cdot\ldots\cdot k} = \frac{n!}{k!\,(n-k)!} = \binom{n}{n-k}$$

$$\binom{n}{0} = \binom{n}{n} = 1$$

$$\binom{n}{1} = n$$

Binomische Formeln

$(a+b)^2 = a^2 + 2ab + b^2$	$a^2 + b^2$ nicht zerlegbar
$(a-b)^2 = a^2 - 2ab + b^2$	$a^2 - b^2 = (a+b)(a-b)$
$(a+b)^3 = a^3 + 3a^2 b + 3ab^2 + b^3$	$a^3 + b^3 = (a+b)(a^2 - ab + b^2)$
$(a-b)^3 = a^3 - 3a^2 b + 3ab^2 - b^3$	$a^3 - b^3 = (a-b)(a^2 + ab + b^2)$
$a^n - b^n = (a-b)(a^{n-1} + a^{n-2}b + a^{n-3}b^2 + \ldots + b^{n-1})$	
$a^{2n} - b^{2n} = (a^n - b^n)(a^n + b^n)$	

2.1.11 n - Fakultät

$$n! = 1\cdot 2\cdot 3\cdot\ldots\cdot n$$ Definitionen $0! = 1$; $1! = 1$;   Achtung: $70! > 1\cdot 10^{99}$

2.1.12 Verschiedene Mittelwerte

$M_H \leq M_G \leq M_A$

Allgemeines arithmetisches Mittel
$$M_{AA} = \frac{a_1\cdot p_1 + a_2\cdot p_2 + \ldots + a_n\cdot p_n}{[p_i]}$$ $p =$ Gewicht

Arithmetisches Mittel
$$M_A = \frac{a_1 + a_2 + \ldots + a_n}{n}$$

Geometrisches Mittel
$$M_G = \sqrt[n]{a_1\cdot a_2\cdot\ldots\cdot a_n}$$

Harmonisches Mittel
$$M_H = \frac{n}{\dfrac{1}{a_1} + \dfrac{1}{a_2} + \ldots + \dfrac{1}{a_n}}$$

2.2 Differentialrechnung

2.2.1 Ableitung

Funktion: $f(x)$

Erste Ableitung: $f'(x)$ oder $\dfrac{df(x)}{dx}$

Ableitungsregeln

Potenzregel	$f(x) = a \cdot x^n$	$f'(x) = n \cdot a \cdot x^{n-1}$
Produktregel	$f(x) = u(x) \cdot v(x)$	$f'(x) = v(x) \cdot u'(x) + v'(x) \cdot u(x)$
Quotientenregel	$f(x) = \dfrac{u(x)}{v(x)}$	$f'(x) = \dfrac{v(x) \cdot u'(x) - v'(x) \cdot u(x)}{(v(x))^2}$
Kettenregel	$f(x) = u(v(x))$	$f'(x) = u'(v(x)) \cdot v'(x)$

Tabelle von Ableitungen

$f(x)$	$f'(x)$	$f(x)$	$f'(x)$
c	0	$\sin x$	$\cos x$
x^n	$n \cdot x^{n-1}$	$\cos x$	$-\sin x$
$\sqrt{x}$	$\dfrac{1}{2\sqrt{x}}$	$\tan x$	$\dfrac{1}{\cos^2 x}$
$\sqrt[n]{x}$	$\dfrac{1}{n \cdot \sqrt[n]{x^{n-1}}}$	$\cot x$	$-\dfrac{1}{\sin^2 x}$
e^x	e^x	$\arcsin x$	$\dfrac{1}{\sqrt{1-x^2}}$
a^x	$a^x \cdot \ln a$	$\arccos x$	$-\dfrac{1}{\sqrt{1-x^2}}$
$\ln x$	$\dfrac{1}{x}$	$\arctan x$	$\dfrac{1}{1+x^2}$
$\log_a x$	$\dfrac{1}{x \cdot \ln a}$	$\text{arccot } x$	$-\dfrac{1}{1+x^2}$

2.2.2 Potenzreihenentwicklung

TAYLORsche Formel

Allgemeine Form

$$f(x_0+h)=f(x_0)+\frac{f'(x_0)}{1!}h+\frac{f''(x_0)}{2!}h^2+\ldots+\frac{f^{(n)}(x_0)}{n!}h^n+R_n(h)$$

Restglied: $R_n(h)=\frac{1}{n!}\int_{x_0}^{x_0+h}(x_0+h-x)^n\,f^{(n+1)}(x)\,dx$

MACLAURINsche Form

$$f(x)=f(0)+\frac{f'(0)}{1!}x+\frac{f''(0)}{2!}x^2+\ldots+\frac{f^{(n)}(0)}{n!}x^n+R_n(x)$$

Restglied: $R_n(x)=\frac{x^{n+1}}{(n+1)!}\,f^{(n+1)}(\vartheta x)$ wobei $0<\vartheta<1$

$(1+x)^m=1+\binom{m}{1}x+\binom{m}{2}x^2+\binom{m}{3}x^3+\cdots$	$|x|<1$
$\dfrac{1}{1+x}=1-x+x^2-x^3\pm\cdots$	$|x|<1$
$\dfrac{1}{\sqrt{1+x}}=1-\dfrac{1}{2}x+\dfrac{3}{8}x^2-\dfrac{5}{16}x^3+-\ldots$	$|x|<1$
$e^x=1+\dfrac{x}{1!}+\dfrac{x^2}{2!}+\dfrac{x^3}{3!}+\ldots$	für alle x
$\ln(1+x)=x-\dfrac{x^2}{2}+\dfrac{x^3}{3}-+\ldots$	$-1<x\leq+1$
$\ln x=2\left[\left(\dfrac{x-1}{x+1}\right)+\dfrac{1}{3}\left(\dfrac{x-1}{x+1}\right)^3+\dfrac{1}{5}\left(\dfrac{x-1}{x+1}\right)^5+\ldots\right]$	$x>0$
$\sin x=\dfrac{x}{1!}-\dfrac{x^3}{3!}+\dfrac{x^5}{5!}-\dfrac{x^7}{7!}+-\ldots$	für alle x
$\cos x=1-\dfrac{x^2}{2!}+\dfrac{x^4}{4!}-\dfrac{x^6}{6!}+-\ldots$	für alle x
$\tan x=x+\dfrac{1}{3}x^3+\dfrac{2}{15}x^5+\dfrac{17}{315}x^7+\ldots$	für alle $|x|<\dfrac{\pi}{2}$
$\arcsin x=x+\dfrac{1}{2}\cdot\dfrac{x^3}{3}+\dfrac{1}{2}\cdot\dfrac{3}{4}\cdot\dfrac{x^5}{5}+\dfrac{1}{2}\cdot\dfrac{3}{4}\cdot\dfrac{5}{6}\cdot\dfrac{x^7}{7}+\ldots$	$|x|\leq1$
$\arctan x=x-\dfrac{x^3}{3}+\dfrac{x^5}{5}-\dfrac{x^7}{7}+-\ldots$	$|x|\leq1$

2.3 Matrizenrechnung

2.3.1 Definitionen

Matrix: System von Elementen a_{ik} mit $i = 1 \ldots m$ und $k = 1 \ldots n$ in m Zeilen und n Spalten angeordnet

$$\mathbf{A}_{(m,n)} = \begin{pmatrix} a_{11} & a_{12} & a_{13} & \cdots & a_{1n} \\ a_{21} & a_{22} & a_{23} & \cdots & a_{2n} \\ \vdots & & & & \\ a_{m1} & a_{m2} & a_{m3} & \cdots & a_{mn} \end{pmatrix}$$

Rechteckige Matrix: $m \neq n$

Quadratische Matrix: $m = n$

Skalar: $m = n = 1$

Vektor: einzeilige Matrix = Zeilenvektor$\begin{pmatrix} a_1 & a_2 & \cdots & a_n \end{pmatrix}$

einspaltige Matrix = Spaltenvektor $\begin{pmatrix} a_1 \\ a_2 \\ \vdots \\ a_m \end{pmatrix}$

Nullmatrix: alle Elemente $a_{ik} = 0$

Diagonalmatrix: quadratische Matrix bei der alle Elemente außerhalb der Hauptdiagonalen $= 0$

$a_{ik} = 0$ für alle $i \neq k$

Einheitsmatrix: Diagonalmatrix mit $a_{ii} = 1$ für alle i

Symmetrische Matrix: quadratische Matrix mit $a_{ik} = a_{ki}$ für alle i, k

Gleichheit von Matrizen: $\mathbf{A} = \mathbf{B}$ wenn $a_{ik} = b_{ik}$ für alle i, k

2.3.2 Rechnen mit Matrizen

Addition und Subtraktion

$\mathbf{A} \pm \mathbf{B} = \mathbf{C}$ $a_{ik} \pm b_{ik} = c_{ik}$ $i = 1 \ldots m$; $k = 1 \ldots n$

Die Addition von Matrizen ist

- kommutativ: $\mathbf{A} + \mathbf{B} = \mathbf{B} + \mathbf{A} = \mathbf{C}$

- assoziativ: $\mathbf{A} + (\mathbf{B} + \mathbf{C}) = (\mathbf{A} + \mathbf{B}) + \mathbf{C}$

Zwischen Addition und Subtraktion besteht in der Gesetzmäßigkeit kein Unterschied

Transponieren einer Matrix

Eine Matrix wird transponiert, indem man ihre Zeilen und Spalten vertauscht.

$\mathbf{A} \Rightarrow \mathbf{A}^T:$ $a_{ik} \Rightarrow a_{ki}$ $i = 1 \ldots m; k = 1 \ldots n$

Für symmetrische Matrizen gilt: $\mathbf{A}^T = \mathbf{A}$

Regeln: $\left(\mathbf{A}^T\right)^T = \mathbf{A}$

$(\mathbf{A} \cdot \mathbf{B})^T = \mathbf{B}^T \cdot \mathbf{A}^T$

$(\mathbf{A} \cdot \mathbf{B} \cdot \mathbf{C})^T = \mathbf{C}^T \cdot \mathbf{B}^T \cdot \mathbf{A}^T$

Matrizenmultiplikation

$$\mathbf{A}_{(m,n)} \cdot \mathbf{B}_{(n,p)} \cdot \mathbf{C}_{(m,p)} \qquad c_{ik} = \sum_{j=1}^{n} a_{ij} \cdot b_{jk} \qquad i = 1 \ldots m; k = 1 \ldots p$$

$$\mathbf{B}_{(n,p)} = \begin{pmatrix} b_{11} & \cdots & b_{1k} & \cdots & b_{1p} \\ \vdots & & \vdots & & \vdots \\ b_{n1} & \cdots & b_{nk} & \cdots & b_{np} \end{pmatrix}$$

$$\mathbf{A}_{(m,n)} = \begin{pmatrix} a_{11} & \cdots & a_{1n} \\ \vdots & & \vdots \\ a_{i1} & \cdots & a_{in} \\ \vdots & & \vdots \\ a_{m1} & \cdots & a_{mn} \end{pmatrix} \begin{pmatrix} c_{11} & \cdots & c_{1k} & \cdots & c_{1p} \\ \vdots & & \vdots & & \vdots \\ c_{i1} & \cdots & c_{ik} & \cdots & c_{ip} \\ \vdots & & \vdots & & \vdots \\ c_{m1} & \cdots & c_{mk} & \cdots & c_{mp} \end{pmatrix} = \mathbf{C}_{(m,p)}$$

Für die Multiplikation müssen die Matrizen $\mathbf{A}$ und $\mathbf{B}$ verkettbar sein. Dies ist nur möglich, wenn die Spaltenzahl von $\mathbf{A}$ mit der Zeilenzahl von $\mathbf{B}$ übereinstimmt.

Die Matrizenmultiplikation ist in der Regel nicht kommutativ: $\mathbf{A} \cdot \mathbf{B} \neq \mathbf{B} \cdot \mathbf{A}$
aber distributiv: $\mathbf{A}(\mathbf{B} + \mathbf{C}) = \mathbf{A} \cdot \mathbf{B} + \mathbf{A} \cdot \mathbf{C}$
und assoziativ: $\mathbf{A} \cdot \mathbf{B} \cdot \mathbf{C} = \mathbf{A}(\mathbf{B} \cdot \mathbf{C}) = (\mathbf{A} \cdot \mathbf{B})\mathbf{C}$

Matrizeninversion

Existiert eine Matrix $\mathbf{B}$ mit $\mathbf{A} \cdot \mathbf{B} = \mathbf{B} \cdot \mathbf{A} = \mathbf{E}$ (Einheitsmatrix), dann ist $\mathbf{B}$ die zu $\mathbf{A}$ inverse Matrix und wird mit $\mathbf{A}^{-1}$ bezeichnet, also $\mathbf{A} \cdot \mathbf{A}^{-1} = \mathbf{A}^{-1} \cdot \mathbf{A} = \mathbf{E}$ ($\mathbf{A}$ quadratisch).

KRAMERsche Regel für symmetrische Matrizen

$$\mathbf{A} = \begin{pmatrix} a_{11} & a_{12} \\ a_{12} & a_{22} \end{pmatrix} \Rightarrow \mathbf{A}^{-1} = \frac{1}{D} \begin{pmatrix} a_{22} & -a_{12} \\ -a_{12} & a_{11} \end{pmatrix}$$

mit $D = a_{11} \cdot a_{22} - a_{12}^2$

$$\mathbf{A} = \begin{pmatrix} a_{11} & a_{12} & a_{13} \\ a_{12} & a_{22} & a_{23} \\ a_{13} & a_{23} & a_{33} \end{pmatrix} \Rightarrow \mathbf{A}^{-1} = \frac{1}{D} \begin{pmatrix} b_{11} & -b_{21} & b_{31} \\ -b_{21} & b_{22} & -b_{32} \\ b_{13} & -b_{32} & b_{33} \end{pmatrix}$$

mit $D = a_{11} \cdot b_{11} - a_{12} \cdot b_{21} + a_{13} \cdot b_{31}$

$b_{11} = a_{22} \cdot a_{33} - a_{23}^2$ $b_{21} = a_{12} \cdot a_{33} - a_{13} \cdot a_{23}$
$b_{22} = a_{11} \cdot a_{33} - a_{13}^2$ $b_{31} = a_{12} \cdot a_{23} - a_{13} \cdot a_{22}$
$b_{33} = a_{11} \cdot a_{22} - a_{12}^2$ $b_{32} = a_{11} \cdot a_{23} - a_{13} \cdot a_{12}$

2.4 Ebene Geometrie

2.4.1 Arten von Winkeln

Nebenwinkel betragen zusammen 200 gon
$$\alpha + \beta = 200 \,\text{gon}$$

Scheitelwinkel sind gleich groß
$$\alpha = \alpha'$$

Stufenwinkel sind gleich große, auf der gleichen Seite der Schnittgeraden und auf den gleichen Seiten der Parallelen liegenden Winkel
$$\sigma = \sigma'$$

Wechselwinkel sind gleich große, auf verschiedenen Seiten der Schnittgeraden und der Parallelen liegende Winkel
$$\omega = \omega'$$

Winkel deren Schenkel paarweise aufeinander senkrecht stehen, sind entweder gleich groß oder ergänzen einander zu 200 gon

Außenwinkel Im Dreieck ist ein Außenwinkel gleich der Summe der beiden nicht anliegenden Innenwinkel
$$\beta' = \alpha + \gamma$$

Winkelsummen
Im Dreieck ist die Summe der Innenwinkel 200 gon
Im Viereck ist die Summe der Innenwinkel 400 gon
Im n Eck ist die Summe der Innenwinkel $(n-2)200$ gon

2.4.2 Kongruenzsätze

Dreiecke sind kongruent (deckungsgleich), wenn sie übereinstimmen in:

a) drei Seiten **SSS**
b) zwei Seiten und dem von diesen eingeschlossenen Winkel **SWS**
c) zwei Seiten und dem Gegenwinkel der längeren Seite **SSW**
d1) einer Seite und den beiden anliegenden Winkeln **WSW**
d1) einer Seite und zwei gleichliegenden Winkeln **WWS**

2.4.3 Ähnlichkeitssätze

Zwei Dreiecke sind ähnlich, wenn:

a) drei Paare entsprechender Seiten dasselbe Verhältnis haben
b) zwei Paare entsprechender Seiten dasselbe Verhältnis haben und die von diesen Seiten eingeschlossenen Winkel übereinstimmen
c) zwei Paare entsprechender Seiten dasselbe Verhältnis haben und die Gegenwinkel der längeren Seiten übereinstimmen
d) zwei Winkel übereinstimmen

2.4.4 Strahlensätze

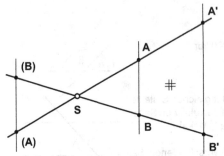

1. Strahlensatz $\overline{SA} : \overline{SA'} = \overline{SB} : \overline{SB'}$

2. Strahlensatz $\overline{AB} : \overline{A'B'} = \overline{SA} : \overline{SA'}$

2.4.5 Teilung einer Strecke

Teilungsverhältnis

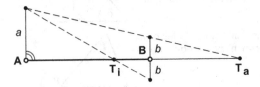

Innere Teilung $\left|\overline{AT_i}\right| : \left|\overline{T_iB}\right| = a : b$ $T_i =$ *innerer Teilpunkt*

Äußere Teilung $\left|\overline{AT_a}\right| : \left|\overline{T_aB}\right| = a : b$ $T_a =$ *äußerer Teilpunkt*

Harmonische Teilung

Eine harmonische Teilung liegt vor, wenn eine Strecke außen und innen im gleichen Verhältnis geteilt wird

$$\left|\overline{AT_i}\right| : \left|\overline{T_iB}\right| = \left|\overline{AT_a}\right| : \left|\overline{T_aB}\right| = a : b$$

Stetige Teilung (Goldener Schnitt)

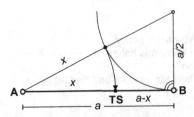

$a : x = x : (a - x)$ $a = \overline{AB}$

$$x = \frac{a}{2} \cdot \left(\sqrt{5} - 1\right)$$

2.4.6 Dreieck

Allgemeines Dreieck

Bezeichnungen im Dreieck

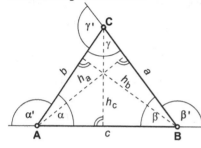

a: Gegenseite der Ecke A
b: Gegenseite der Ecke B
c: Gegenseite der Ecke C

h_a: Höhe zur Seite a
h_b: Höhe zur Seite b
h_c: Höhe zur Seite c

Winkelsumme im Dreieck (Innenwinkel)
$\alpha + \beta + \gamma = 200\,\text{gon}$

Winkelsumme am Dreieck (Außenwinkel)
$\alpha' + \beta' + \gamma' = 400\,\text{gon}$

Beziehungen im Dreieck

Seitenhalbierende s , Schwerpunkt S

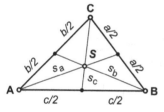

Schwerpunkt S
= Schnittpunkt der Seitenhalbierenden

Schwerpunkt S
teilt die Seitenhalbierenden im Verhältnis 2 : 1

Winkelhalbierende w, Inkreis

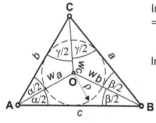

Inkreismittelpunkt O
= Schnittpunkt der Winkelhalbierenden

Inkreisradius

$$\rho = \frac{F}{s} = \sqrt{\frac{(s-a)(s-b)(s-c)}{s}}$$

$$s = \frac{a+b+c}{2}$$

$F = $ Fläche des Dreiecks

Mittelsenkrechte, Umkreis

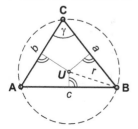

Umkreismittelpunkt U
= Schnittpunkt der Mittelsenkrechten

Umkreisradius

$$r = \frac{a \cdot b \cdot c}{4F}$$

$$r = \frac{c}{2\sin\gamma}$$

$F = $ Fläche des Dreiecks

Rechtwinkliges Dreieck

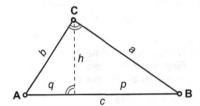

Satz des **PYTHAGORAS** $\boxed{c^2 = a^2 + b^2}$

Kathetensatz $\boxed{a^2 = c \cdot p}$

$\boxed{b^2 = c \cdot q}$

Höhensatz $\boxed{h^2 = p \cdot q}$

mathematische Bezeichnung für p, q
(siehe auch Abschnitt 4.1.4)

Fläche $\boxed{F = \dfrac{a \cdot b}{2}}$

Gleichschenkliges Dreieck

$a = b$ oder $\alpha = \beta$

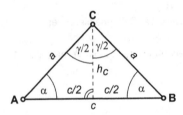

Höhe $\boxed{h_c = \sqrt{a^2 - \left(\dfrac{c}{2}\right)^2}}$

Fläche $\boxed{F = \dfrac{a^2 \cdot \sin \gamma}{2}}$

Gleichseitiges Dreieck

$\alpha = \beta = \gamma = 60°$

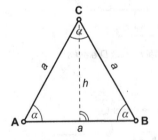

Höhe $\boxed{h = \dfrac{a}{2} \cdot \sqrt{3}}$

Fläche $\boxed{F = \dfrac{a^2}{4} \cdot \sqrt{3}}$

Umkreisradius $\boxed{r = \dfrac{a}{3} \cdot \sqrt{3}}$

Inkreisradius $\boxed{\rho = \dfrac{a}{6} \cdot \sqrt{3}}$

2.4.7 Viereck

Quadrat

Die Diagonalen stehen senkrecht aufeinander
und sind gleich lang

Diagonale $\boxed{d = a \cdot \sqrt{2}}$

Umfang $\boxed{U = 4 \cdot a}$

Fläche $\boxed{F = a^2}$

Rechteck

Die Diagonalen sind gleich lang

Diagonale $\boxed{d = \sqrt{a^2 + b^2}}$

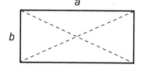

Umfang $\boxed{U = 2(a + b)}$

Fläche $\boxed{F = a \cdot b}$

Raute

Die Diagonalen e und f stehen senkrecht aufeinander

$\boxed{e^2 + f^2 = 4a^2}$

Umfang $\boxed{U = 4 \cdot a}$

Fläche $\boxed{F = \dfrac{1}{2} \cdot e \cdot f}$

Parallelogramm

Die Diagonalen halbieren sich gegenseitig

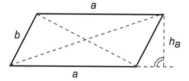

Umfang $\boxed{U = 2(a + b)}$

Fläche $\boxed{F = a \cdot h_a = b \cdot h_b}$

Trapez

2 gegenüberliegende Seiten sind parallel

$\boxed{m = \dfrac{1}{2}(a + c)}$

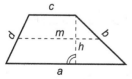

Umfang $\boxed{U = a + b + c + d}$

Fläche $\boxed{F = \dfrac{1}{2}(a + c) \cdot h}$

2.4.8 Vielecke

Allgemeines Vieleck

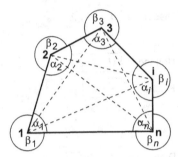

Summe der Innenwinkel α $\boxed{(n-2)\cdot 200\,\text{gon}}$

Summe der Außenwinkel β $\boxed{(n+2)\cdot 200\,\text{gon}}$

Anzahl der Diagonalen $\boxed{n(n-3)\cdot\dfrac{1}{2}}$

Anzahl der Diagonalen in einer Ecke $\boxed{n-3}$

$n = $ *Anzahl der Ecken*

Regelmäßiges Vieleck

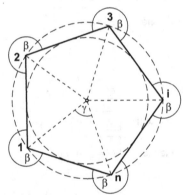

1. Jedes regelmäßige Vieleck kann in n gleichschenklige, kongruente Dreiecke zerlegt werden.

2. Der Zentriwinkel eines Dreiecks beträgt:

$$\boxed{\gamma = \frac{1}{n}\cdot 400\,\text{gon}}\quad n = \textit{Anzahl der Ecken}$$

3. Jeder Außenwinkel beträgt:

$$\boxed{\beta = 200\,\text{gon} + \frac{1}{n}\cdot 400\,\text{gon}}\quad n = \textit{Anzahl der Ecken}$$

4. Jedes regelmäßige Vieleck hat gleichgroße Seiten und Winkel.

5. Jedes regelmäßige Vieleck hat einen In- und einen Umkreis.

6. Der Mittelpunkt des regelmäßigen Vielecks hat von den Ecken die gleiche Entfernung.

2.4.9 Kreis

Bezeichnungen am Kreis

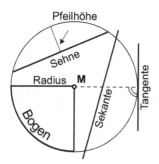

Umfang   = in sich geschlossene Kreislinie

Bogen   = Teil des Umfanges

Radius   = Verbindungsstrecke Kreispunkt - Mittelpunkt

Sekante = Gerade, die den Kreis in zwei Punkten schneidet

Sehne   = Strecke, deren Endpunkte auf dem Kreis liegen

Tangente = Gerade, die den Kreis in einem Punkt berührt

Pfeilhöhe = maximaler Abstand zwischen Kreisbogen und Sehne

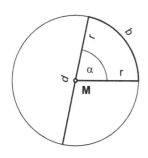

Kreisbogen $b = r \cdot \alpha \ [\text{rad}]$

Kreisumfang $U = 2\pi \cdot r = \pi \cdot d$

Kreisfläche $F = \pi \cdot r^2 = \dfrac{\pi}{4} \cdot d^2$

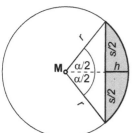

Sehne $s = 2r \cdot \sin \dfrac{\alpha}{2}$

Pfeilhöhe $h = r \cdot \left(1 - \cos \dfrac{\alpha}{2}\right) = 2r \cdot \sin^2 \dfrac{\alpha}{4}$

Radius $r = \dfrac{s^2}{8h} + \dfrac{h}{2}$

Kreis und Sehne

Die Mittelsenkrechte einer Sehne geht immer durch den Mittelpunkt des Kreises und halbiert den Mittelpunktswinkel.

Ähnlichkeit am Kreis

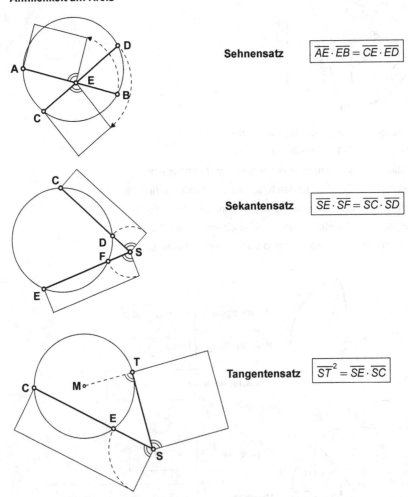

Sehnensatz $\quad \boxed{\overline{AE} \cdot \overline{EB} = \overline{CE} \cdot \overline{ED}}$

Sekantensatz $\quad \boxed{\overline{SE} \cdot \overline{SF} = \overline{SC} \cdot \overline{SD}}$

Tangentensatz $\quad \boxed{\overline{ST}^2 = \overline{SE} \cdot \overline{SC}}$

Winkel am Kreis

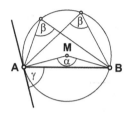

$\alpha =$ *Mittelpunktswinkel (Zentriwinkel)*
$\beta =$ *Umfangswinkel (Peripheriewinkel)*
$\gamma =$ *Sehnentangentenwinkel*

$\beta = \dfrac{\alpha}{2}$; $\beta = \gamma$ Umfangswinkel über demselben Bogen sind gleich groß

Satz des THALES

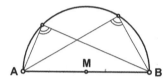

Jeder Umfangswinkel über dem
Halbkreis = 100 gon

2.4.10 Ellipse

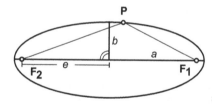

$a =$ *große Halbachse*
$b =$ *kleine Halbachse*
$F_{1,2} =$ *Brennpunkte*

Ortslinie für die Punkte P mit $|F_1 P| + |F_2 P| =$ konstant $= 2a$

Umfang - Näherungsformel $\boxed{U \approx \pi \cdot \left[\dfrac{3}{2}(a+b) - \sqrt{ab} \right]}$ für $\dfrac{b}{a} > \dfrac{1}{5}$; $U > \pi \,(a+b)$

Fläche $\boxed{F = \pi \cdot a \cdot b}$

Lineare Exzentrizität $\boxed{e = \sqrt{a^2 - b^2}}$

2.5 Trigonometrie

2.5.1 Winkelfunktionen im rechtwinkligen Dreieck

Definition der Winkelfunktionen

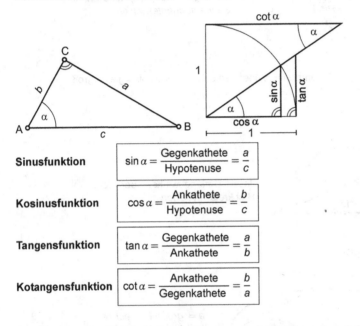

Sinusfunktion

$$\sin \alpha = \frac{\text{Gegenkathete}}{\text{Hypotenuse}} = \frac{a}{c}$$

Kosinusfunktion

$$\cos \alpha = \frac{\text{Ankathete}}{\text{Hypotenuse}} = \frac{b}{c}$$

Tangensfunktion

$$\tan \alpha = \frac{\text{Gegenkathete}}{\text{Ankathete}} = \frac{a}{b}$$

Kotangensfunktion

$$\cot \alpha = \frac{\text{Ankathete}}{\text{Gegenkathete}} = \frac{b}{a}$$

Besondere Werte, Grenzwerte

	0°(0 gon)	30°	45°(50 gon)	60°	90°(100 gon)
sin	0	$\frac{1}{2}$	$\frac{1}{2}\sqrt{2}$	$\frac{1}{2}\sqrt{3}$	1
cos	1	$\frac{1}{2}\sqrt{2}$	$\frac{1}{2}\sqrt{3}$	$\frac{1}{2}$	0
tan	0	$\frac{\sqrt{3}}{3}$	1	$\sqrt{3}$	∞
cot	∞	$\sqrt{3}$	1	$\frac{\sqrt{3}}{3}$	0

Funktionswerte kleiner Winkel

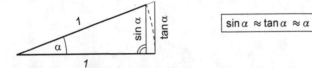

$$\sin \alpha \approx \tan \alpha \approx \alpha$$

Beziehungen zwischen den Funktionen des gleichen Winkels

$$\sin^2\alpha + \cos^2\alpha = 1 \qquad \tan\alpha = \frac{\sin\alpha}{\cos\alpha} \qquad \cot\alpha = \frac{\cos\alpha}{\sin\alpha}$$

	$\sin\alpha =$	$\cos\alpha =$	$\tan\alpha =$	$\cot\alpha =$
sin	$\sin\alpha$	$\pm\sqrt{1-\sin^2\alpha}$	$\dfrac{\sin\alpha}{\pm\sqrt{1-\sin^2\alpha}}$	$\dfrac{\pm\sqrt{1-\sin^2\alpha}}{\sin\alpha}$
cos	$\pm\sqrt{1-\cos^2\alpha}$	$\cos\alpha$	$\dfrac{\pm\sqrt{1-\cos^2\alpha}}{\cos\alpha}$	$\dfrac{\cos\alpha}{\pm\sqrt{1-\cos^2\alpha}}$
tan	$\dfrac{\tan\alpha}{\pm\sqrt{1+\tan^2\alpha}}$	$\dfrac{1}{\pm\sqrt{1+\tan^2\alpha}}$	$\tan\alpha$	$\dfrac{1}{\tan\alpha}$
cot	$\dfrac{1}{\pm\sqrt{1+\cot^2\alpha}}$	$\dfrac{\cot\alpha}{\pm\sqrt{1+\cot^2\alpha}}$	$\dfrac{1}{\cot\alpha}$	$\cot\alpha$

Das Vorzeichen der Wurzel hängt vom Quadraten ab

Quadrant	sin	cos	tan / cot
I	+	+	+
II	+	-	-
III	-	-	+
IV	-	+	+

Umwandlungen

$\beta =$	$100\,\text{gon} \pm\alpha$	$200\,\text{gon} \pm\alpha$	$300\,\text{gon} \pm\alpha$	$400\,\text{gon} \pm\alpha$
$\sin\beta =$	$+\cos\alpha$	$\mp\sin\alpha$	$-\cos\alpha$	$-\sin\alpha$
$\cos\beta =$	$\mp\sin\alpha$	$-\cos\alpha$	$\pm\sin\alpha$	$+\cos\alpha$
$\tan\beta =$	$\mp\cot\alpha$	$\pm\tan\alpha$	$\mp\cot\alpha$	$-\tan\alpha$
$\cot\beta =$	$\mp\tan\alpha$	$\pm\cot\alpha$	$\mp\tan\alpha$	$-\cot\alpha$

Arcusfunktionen

	Hauptwert	Nebenwert	
arcsin	$-100\,\text{gon} \leq \alpha \leq +100\,\text{gon}$	$\alpha = \alpha \pm n \cdot 400\,\text{gon}$	$n = 1, 2, \ldots$
		$\alpha = 200\,\text{gon} - \alpha \pm n \cdot 400\,\text{gon}$	$n = 0, 1, \ldots$
arccos	$0\,\text{gon} \leq \alpha \leq +200\,\text{gon}$	$\alpha = \alpha + n \cdot 400\,\text{gon}$	$n = 1, 2, \ldots$
		$\alpha = -\alpha \pm n \cdot 400\,\text{gon}$	$n = 1, 2, \ldots$
arctan	$-100\,\text{gon} < \alpha < +100\,\text{gon}$	$\alpha = \alpha + n \cdot 200\,\text{gon}$	$n = 1, 2, \ldots$
arccot	$0\,\text{gon} < \alpha < +200\,\text{gon}$	$\alpha = \alpha + n \cdot 200\,\text{gon}$	$n = 1, 2, \ldots$

2.5.2 Winkelfunktionen im allgemeinen Dreieck

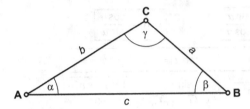

Sinussatz

$$\frac{a}{\sin\alpha} = \frac{b}{\sin\beta} = \frac{c}{\sin\gamma} = 2r \quad \bigg| \quad r = Umkreisradius$$

Beachten: Wenn zwei Seiten und ein gegenüberliegender Winkel gegeben
   sind, sind folgende Fälle möglich: (z.B. für a, b, α gegeben).
Für $a \geq b$ ist $\beta < 100$ gon
Für $a < b$ sind folgende Fälle zu unterscheiden:
1. $b\sin\alpha < a$: zwei Werte für β : β_1 und $\beta_2 = 200$ gon$-\beta_1$
2. $b\sin\alpha = a$: $\beta = 100$ gon
3. $b\sin\alpha > a$: keine Dreieckskonstruktion möglich

Genauigkeit

Standardabweichung der Strecke a

$$s_a^2 = \left(\frac{a}{c} \cdot s_c\right)^2 + \left(\frac{c \cdot \cos\alpha}{\sin\gamma} \cdot s_\alpha \,[rad]\right)^2 + \left(\frac{a}{\tan\gamma} \cdot s_\gamma \,[rad]\right)^2$$

$s_c = $ *Standardabweichung der Strecke c*
$s_\alpha, s_\gamma = $ *Standardabweichung der Winkel α, γ* [rad]

Kosinussatz

$$a^2 = b^2 + c^2 - 2bc \cdot \cos\alpha \qquad \cos\alpha = \frac{b^2 + c^2 - a^2}{2bc}$$

$$b^2 = a^2 + c^2 - 2ac \cdot \cos\beta \qquad \cos\beta = \frac{a^2 + c^2 - b^2}{2ac}$$

$$c^2 = a^2 + b^2 - 2ab \cdot \cos\gamma \qquad \cos\gamma = \frac{a^2 + b^2 - c^2}{2ab}$$

Genauigkeit

Standardabweichung der Strecke c

$$s_c^2 = \left(\frac{a - b \cdot \cos\gamma}{c} \cdot s_a\right)^2 + \left(\frac{b - a \cdot \cos\gamma}{c} \cdot s_b\right)^2 + \left(\frac{ab \cdot \sin\gamma}{c} \cdot s_\gamma \,[rad]\right)^2$$

$s_a, s_b = $ *Standardabweichung der Strecke c*
   $s_\gamma = $ *Standardabweichung des Winkels γ* [rad]

Projektionssatz

$$a = b \cdot \cos\gamma + c \cdot \cos\beta$$

$$b = a \cdot \cos\gamma + c \cdot \cos\alpha$$

$$c = b \cdot \cos\alpha + a \cdot \cos\beta$$

Tangenssatz

$$\frac{a+b}{a-b} = \frac{\tan\dfrac{\alpha+\beta}{2}}{\tan\dfrac{\alpha-\beta}{2}}$$

$$\frac{b+c}{b-c} = \frac{\tan\dfrac{\beta+\gamma}{2}}{\tan\dfrac{\beta-\gamma}{2}}$$

$$\frac{c+a}{c-a} = \frac{\tan\dfrac{\alpha+\gamma}{2}}{\tan\dfrac{\gamma-\alpha}{2}}$$

Halbwinkelsätze

$$\sin\frac{\alpha}{2} = \sqrt{\frac{(s-b)(s-c)}{bc}}$$

$$\sin\frac{\beta}{2} = \sqrt{\frac{(s-a)(s-c)}{ac}}$$

$$\sin\frac{\gamma}{2} = \sqrt{\frac{(s-b)(s-a)}{ab}}$$

$$s = \frac{1}{2}(a+b+c)$$

$$\rho^2 = \frac{(s-a)(s-b)(s-c)}{s}$$

$$\rho = \textit{Inkreisradius}$$

$$\cos\frac{\alpha}{2} = \sqrt{\frac{s(s-a)}{bc}}$$

$$\cos\frac{\beta}{2} = \sqrt{\frac{s(s-b)}{ac}}$$

$$\cos\frac{\gamma}{2} = \sqrt{\frac{s(s-c)}{ab}}$$

$$\tan\frac{\alpha}{2} = \pm\sqrt{\frac{(s-b)(s-c)}{s(s-a)}} = \frac{\rho}{s-a}$$

$$\tan\frac{\beta}{2} = \frac{\rho}{s-b}$$

$$\tan\frac{\gamma}{2} = \frac{\rho}{s-c}$$

2.5.3 Additionstheoreme

Trigonometrische Funktionen von Winkelsummen

$$\sin(\alpha+\beta) = \sin\alpha\cdot\cos\beta + \cos\alpha\cdot\sin\beta$$

$$\cos(\alpha+\beta) = \cos\alpha\cdot\cos\beta - \sin\alpha\cdot\sin\beta$$

$$\sin(\alpha-\beta) = \sin\alpha\cdot\cos\beta - \cos\alpha\cdot\sin\beta$$

$$\cos(\alpha-\beta) = \cos\alpha\cdot\cos\beta + \sin\alpha\cdot\sin\beta$$

$$\tan(\alpha+\beta) = \frac{\tan\alpha + \tan\beta}{1 - \tan\alpha\cdot\tan\beta}$$

$$\cot(\alpha+\beta) = \frac{\cot\alpha\cdot\cot\beta - 1}{\cot\beta + \cot\alpha}$$

$$\tan(\alpha-\beta) = \frac{\tan\alpha - \tan\beta}{1 + \tan\alpha\cdot\tan\beta}$$

$$\cot(\alpha-\beta) = \frac{\cot\alpha\cdot\cot\beta + 1}{\cot\beta - \cot\alpha}$$

Trigonometrische Funktionen des doppelten und des halben Winkels

$$\sin 2\alpha = 2\cdot\sin\alpha\cdot\cos\alpha$$

$$\sin\alpha = 2\cdot\sin\frac{\alpha}{2}\cdot\cos\frac{\alpha}{2}$$

$$\cos 2\alpha = \cos^2\alpha - \sin^2\alpha$$

$$\cos\alpha = \cos^2\frac{\alpha}{2} - \sin^2\frac{\alpha}{2}$$

$$\cos 2\alpha = 1 - 2\cdot\sin^2\alpha$$

$$\cos\alpha = 1 - 2\cdot\sin^2\frac{\alpha}{2}$$

$$\cos 2\alpha = 2\cdot\cos^2\alpha - 1$$

$$\cos\alpha = 2\cdot\cos^2\frac{\alpha}{2} - 1$$

$$1 + \cos 2\alpha = 2\cdot\cos^2\alpha$$

$$1 + \cos\alpha = 2\cdot\cos^2\frac{\alpha}{2}$$

$$1 - \cos 2\alpha = 2\cdot\sin^2\alpha$$

$$1 - \cos\alpha = 2\cdot\sin^2\frac{\alpha}{2}$$

$$\sin\frac{\alpha}{2} = \sqrt{\frac{1 - \cos\alpha}{2}}$$

$$\sin\alpha + \sin\beta = 2\cdot\sin\frac{\alpha+\beta}{2}\cdot\cos\frac{\alpha-\beta}{2}$$

$$\cos\frac{\alpha}{2} = \sqrt{\frac{1 + \cos\alpha}{2}}$$

$$\sin\alpha - \sin\beta = 2\cdot\cos\frac{\alpha+\beta}{2}\cdot\sin\frac{\alpha-\beta}{2}$$

$$\tan\frac{\alpha}{2} = \sqrt{\frac{1 - \cos\alpha}{1 + \cos\alpha}}$$

$$\cos\alpha + \cos\beta = 2\cdot\cos\frac{\alpha+\beta}{2}\cdot\cos\frac{\alpha-\beta}{2}$$

$$\cot\frac{\alpha}{2} = \sqrt{\frac{1 + \cos\alpha}{1 - \cos\alpha}}$$

$$\cos\alpha - \cos\beta = 2\cdot\sin\frac{\alpha+\beta}{2}\cdot\sin\frac{\alpha-\beta}{2}$$

2.5.4 Sphärische Trigonometrie

Rechtwinkliges Kugeldreieck

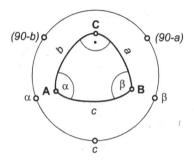

$$\sin \alpha = \frac{\sin a}{\sin c}$$

$$\sin \beta = \frac{\sin b}{\sin c}$$

$$\cos \alpha = \frac{\tan b}{\tan c} = \cos a \cdot \sin \beta$$

$$\cos \beta = \frac{\tan a}{\tan c} = \cos b \cdot \sin \alpha$$

$$\tan \alpha = \frac{\tan a}{\sin b}$$

$$\tan \beta = \frac{\tan b}{\sin a}$$

$$\cos c = \cos a \cdot \cos b = \cot \alpha \cdot \cot \beta$$

Alle Formeln in einem rechtwinkligen Kugeldreieck sind zusammengefasst in der **NEPER**schen Regel:

cos eines Stückes = Produkt der cot der benachbarten Stücke
                    oder
                    Produkt der sin der nicht benachbarten Stücke
wobei a durch $(90° - a)$
und b durch $(90° - b)$ ersetzt
und Winkel $\gamma = 90°$ nicht beachtet wird.

Schiefwinkliges Kugeldreieck

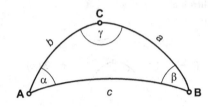

Sinussatz

$$\frac{\sin a}{\sin \alpha} = \frac{\sin b}{\sin \beta} = \frac{\sin c}{\sin \gamma}$$

Seitenkosinussatz

$$\cos a = \cos b \cdot \cos c + \sin b \cdot \sin c \cdot \cos \alpha$$

$$\cos b = \cos c \cdot \cos a + \sin c \cdot \sin a \cdot \cos \beta$$

$$\cos c = \cos a \cdot \cos b + \sin a \cdot \sin b \cdot \cos \gamma$$

Winkelkosinus

$$\cos \alpha = -\cos \beta \cdot \cos \gamma + \sin \beta \cdot \sin \gamma \cdot \cos a$$

$$\cos \beta = -\cos \gamma \cdot \cos \alpha + \sin \gamma \cdot \sin \alpha \cdot \cos b$$

$$\cos \gamma = -\cos \alpha \cdot \cos \beta + \sin \alpha \cdot \sin \beta \cdot \cos c$$

Fläche

$$F = r^2 \cdot \epsilon \ [\text{rad}]$$ $r = Radius$

$$\epsilon° = \alpha + \beta + \gamma - 180° \ (\text{sphärischer Exzess})$$

3 Geodätische Grundlagen

3.1 Geodätische Bezugssysteme

3.1.1 Räumliches Bezugssystem

Dreidimensionales rechtwinkliges Koordinatensystem mit gegebener Orientierung zur Bestimmung der Raumkoordinaten von Punkten.

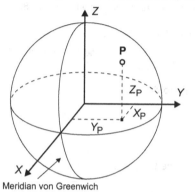

Meridian von Greenwich

WGS 84 = World Geodetic System 1984

Bezugsfläche: WGS 84 - Ellipsoid

Koordinatenursprung im Massenmittelpunkt der Erde

X-Achse durch den Meridian von Greenwich

Y-Achse rechtwinklig nach Osten auf der X-Achse

Z-Achse mittlere Umdrehungsachse der Erde

Seit 1989 besteht das Europäische Referenznetz **ETRS 89** (European Terrestrial Reference System 1989) als Bezugssystem mit dem **GRS 80** (Geodetic Reference System 1980)-Ellipsoid als Bezugsfläche. Das ETRS89 ist an die Lage der erdfesten Stationen auf der eurasischen Platte des **ITRS** (International Terrestrial Reference System) von 1989 gebunden.

3.1.2 Lagebezugssystem

Das amtliche Lagebezugssystem in der Bundesrepublik Deutschland ist das **ETRS 89** mit dem vorgegebenen Abbildungsverfahren in UTM-Koordinaten. Alle Bundesländer haben auf ETRS89/UTM umgestellt.

3.1.3 Höhenbezugssystem

In der Regel ein System, das durch eine Höhenbezugsfläche und ihren Abstand zu einem Zentralpunkt definiert ist.

Höhenbezugsfläche (siehe Abschnitt 9.1 Niveauflächen und Bezugsflächen)

© Springer Fachmedien Wiesbaden GmbH, ein Teil von Springer Nature 2022
F. J. Gruber und R. Joeckel, *Formelsammlung für das Vermessungswesen*,
https://doi.org/10.1007/978-3-658-37873-8_3

3.2 Geodätische Lagebezugssysteme

3.2.1 Koordinatensysteme auf dem Rotationsellipsoid

Rotationsellispoid

Mittleres Erdellipsoid:	Ersatzfläche für das gesamte Geoid Ellipsoidisches geodätisches Referenzsystem (GRS 80)
Lokal bestanschließendes Erdellipsoid:	Ersatzfläche für einen Teil des Geoids
Referenzellipsoid:	Rotationsellipsoid, das als Bezugsfläche für eine Landesvermessung dient (z. B. Bessel-Ellipsoid)

Meridianellipse und Parameter einiger Erdellipsoide

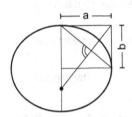

Abplattung

$$f = \frac{a-b}{a}$$

Erste numerische Exzentrizität

$$e^2 = \frac{a^2 - b^2}{a^2}$$

Zweite numerische Exzentrizität

$$e'^2 = \frac{a^2 - b^2}{b^2}$$

	Bessel-Ellipsoid	Krassowsky-Ellipsoid	GRS 80-Ellipsoid
große Halbachse a	6 377 397,155 m	6 378 245,0 m	6 378 137,00 m
kleine Halbachse b	6 356 078,963 m	6 356 863,019 m	6 356 752,314 m
Abplattung f	1 : 299,152 815 3	1 : 298,3	1 : 298,257 222 101

Krümmungsradien

Meridiankrümmungsradius

$$M = \frac{a^2 \cdot b^2}{\sqrt{\left(a^2 \cdot \cos^2 B + b^2 \cdot \sin^2 B\right)^3}} = \frac{a(1 - e^2)}{\sqrt{\left(1 - e^2 \cdot \sin^2 B\right)^3}}$$

am Pol: $M = \dfrac{a^2}{b}$ am Äquator: $M = \dfrac{b^2}{a}$

Querkrümmungsradius

$$N = \frac{a^2}{\sqrt{a^2 \cdot \cos^2 B + b^2 \cdot \sin^2 B}} = \frac{a}{\sqrt{\left(1 - e^2 \cdot \sin^2 B\right)}}$$

am Pol: $N = \dfrac{a^2}{b}$ am Äquator: $N = a$

B = Ellipsoidische Breite

Ellipsoidisches geographisches Koordinatensystem (Geodätisches Koordinatensystem)

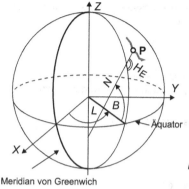

Meridian von Greenwich

B = *Ellipsoidische Breite*

Winkel, den der in der Meridianebene liegende Querkrümmungsradius N mit der Äquatorebene bildet

L = *Ellipsoidische Länge*

Winkel, den die ellipsoidische Meridianebene eines Punktes mit der geodätischen Nullmeridianebene bildet

H_E = *Ellipsoidische Höhe*

Punkthöhe über dem Ellipsoid

Ellipsoidisches kartesisches Globalsystem

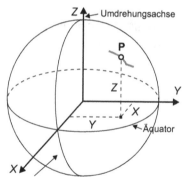

Meridian von Greenwich

$$X = (N + H_E) \cdot \cos B \cdot \cos L$$

$$Y = (N + H_E) \cdot \cos B \cdot \sin L$$

$$Z = N \cdot \sin B \cdot \frac{b^2}{a^2} + H_E \cdot \sin B$$

a = *große Halbachse*
b = *kleine Halbachse*
N = *Querkrümmungsradius*
H_E = *Ellipsoidische Höhe*

3.2.2 Koordinatensysteme auf der Kugel

Kugel als Lagebezugsfläche
Die Kugel diente früher als Bezugsfläche der Lagevermessung als Ersatz für ein Referenzellipsoid, für Vermessungen in kleineren Ländern.

Erdkugel   Näherungskörper für ein mittleres Erdellipsoid
            Radius der Erdkugel R

Bildkugel   Teile der Ellipsoidfläche werden im betrachteten Gebiet durch eine
             sich möglichst gut an das Referenzellipsoid annähernde Kugel ersetzt
             Radius der Soldnerschen Bildkugel $R_S = N$
             Radius der Gaußschen Schmiegungskugel $R_G = \sqrt{M \cdot N}$
             $N =$ *Querkrümmungsradius*
             $M =$ *Meridiankrümmungsradius*

Sphärisches geographisches Koordinatensystem

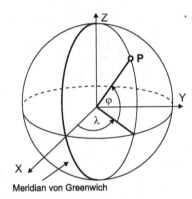

$\varphi =$ *Geographische Breite*
$\lambda =$ *Geographische Länge*

Rechtwinklig-sphärisches Koordinatensystem

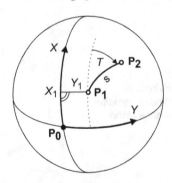

Die Abszissenachse ist ein Meridian durch den Koordinatenanfangspunkt P_0 .

Die **Ordinate** Y eines Punktes P_1 ist das sphärische Lot von P_1 auf die Abszissenachse.

Die **Abszisse** X von P_1 ist der Meridianbogen vom Koordinatenanfangspunkt P_0 bis zum Ordinatenlotfußpunkt.

$T =$ *Sphärischer Richtungswinkel*

3.2.3 Ebene Koordinatensysteme

Ebene als Lagebezugsfläche

Bezugsfläche der Lagevermessung als Ersatz für ein Referenzellipsoid oder für eine Bildkugel, für Vermessungen in einem Gebiet bis zu $10 \times 10\,\text{km}^2$.

Rechtwinklig-ebenes Koordinatensystem

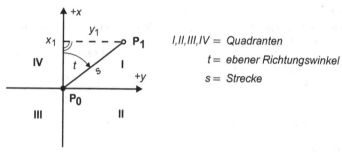

$I, II, III, IV =$ *Quadranten*

$t =$ *ebener Richtungswinkel*

$s =$ *Strecke*

Ebenes Polarkoordinatensystem

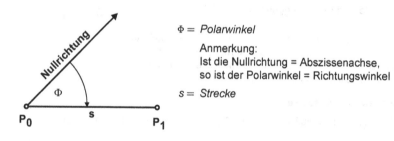

$\Phi =$ *Polarwinkel*

Anmerkung:
Ist die Nullrichtung = Abszissenachse,
so ist der Polarwinkel = Richtungswinkel

$s =$ *Strecke*

3.3 Abbildungen des Rotationsellipsoides in die Ebene

3.3.1 Gauß-Krüger-Meridianstreifensystem (GK-System)

Grundlage des GK-Systems ist die GK-Abbildung. Diese ist eine konforme Abbildung der Oberfläche eines Rotationsellipsoides in die Ebene, wobei der Hauptmeridian längentreu abgebildet wird. Das System ist in 3° breite Meridianstreifen eingeteilt.

Meridianstreifen

Jeder Meridianstreifen hat eine tatsächliche Ost-West-Ausdehnung von ± 1° 40' beiderseits des Bezugsmeridians.
Bezugsmeridiane für das Gebiet der Bundesrepublik Deutschland sind die Meridiane 6°, 9°, 12° und 15° östlich von Greenwich.
Die Meridianstreifen werden in östlicher Richtung durchnummeriert und mit einer Kennzahl bezeichnet.

Kennzahl $K_z = L_0/3°$

$\qquad L_0 = $ *Bezugsmeridian (Hauptmeridian)*

R = Rechtswert = Ordinate $= R_0 + y$

$R_0 = $ *Ordinatenwert des Hauptmeridians* $= K_z \cdot 10^6 + 500\,000$
$\;y = $ *Länge des elliptischen Lotes auf den Hauptmeridian*

Die Ordinate wird mit vorgegebenem Maßstab abgebildet: $y = Y + \dfrac{Y^3}{6R^2} + \dfrac{Y^5}{24R^4} + \cdots$

$R = $ *Mittlerer Krümmungsradius für Süddeutschland 6381 km*
$\qquad\qquad\qquad\qquad\qquad$ *für Norddeutschland 6384 km*
$\quad$ In der Praxis wurde jedoch ein einheitlicher Krümmungsradius
$\quad$ für Deutschland von 6380 km verwendet.

H = Hochwert = Abszisse

Abstand des Ordinatenfußpunktes vom Äquator aus auf dem Hauptmeridian.

Die Abszissenachse ist jeweils der Bezugsmeridian (Hauptmeridian) eines 3° breiten Meridianstreifens. Abszissenanfangspunkt P_0 ist der Schnitt der Abszissenachse mit dem Äquator.

Die Abszisse wird längentreu abgebildet:
$H = x$

3.3.2 Universales Transversales Mercator-Koordinatensystem (UTM-System)

Das UTM-System ist ähnlich aufgebaut wie das GK-System (siehe Abschnitt 3.3.1)

Anders als beim GK-System ist das UTM-System aber in 60 Zonen mit 6° breiter Ost-West-Ausdehnung eingeteilt und der Hauptmeridian wird nicht längentreu abgebildet.

Zonen

Jede Zone hat eine tatsächliche Ost-West-Ausdehnung von ± 3° 30' beiderseits des Bezugsmeridians.
Bezugsmeridiane für das Gebiet der Bundesrepublik Deutschland sind die Meridiane $L_0 = 3°$, 9° und 15° östlich von Greenwich.
Die Zonen werden in östlicher Richtung von 1 bis 60 durchnummeriert.

Zonennummer $Z = \dfrac{L_0 + 3°}{6°} + 30$

$L_0 = $ Bezugsmeridian (Hauptmeridian)

$E = $ **Ostwert** $= $ **Ordinate** $= E_0 + y$

$E_0 = (Z + 0,5) \cdot 10^6 \text{m}$
$y = $ Länge des elliptischen Lotes auf den Hauptmeridian

Die Ordinate wird mit vorgegebenem Maßstab abgebildet: $y = Y + \dfrac{Y^3}{6R^2} + \dfrac{Y^5}{24R^4} + \cdots$

$R = $ Mittlerer Krümmungsradius für Süddeutschland 6381 km
für Norddeutschland 6384 km
In der Praxis wurde jedoch ein einheitlicher Krümmungsradius
für Deutschland von 6380 km verwendet.

$N = $ **Nordwert** $= $ **Abszisse**

Abstand des Ordinatenfußpunktes vom Äquator aus auf dem Hauptmeridian.
Die Abszissenachse ist jeweils der Bezugsmeridian (Hauptmeridian).
Abszissenanfangspunkt P_0 ist der Schnitt der Abszissenachse mit dem Äquator.

Abbildungsmaßstab des Bezugsmeridians $m_0 = 0,9996$

3.4 Horizontale Bezugsrichtungen

Zurzeit gelten in Deutschland für die als horizontale Bezugsrichtungen verwendeten Nordrichtungen folgende Anordnungen:

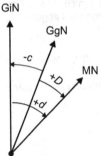

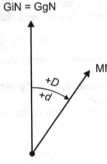

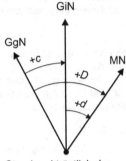

Standpunkt westlich des
Bezugsmeridians
$L < L_0$
$L_0 = Bezugsmeridian$

Standpunkt im
Bezugsmeridian
$L = L_0$

Standpunkt östlich des
Bezugsmeridians
$L > L_0$

Nordrichtungen

GgN = Geographisch-Nord
(Nördliche Richtung des durch den Standpunkt verlaufenden
Meridians)

GiN = Gitter-Nord
(Nördliche Richtung der durch den Standpunkt verlaufenden
Parallelen zum Bild des Bezugsmeridians)

MN = Magnetisch-Nord
(Nördliche Richtung der durch den Standpunkt verlaufenden
horizontalen Projektion der magnetischen Feldlinien)

Magnetisch-Nord ändert sich zeitlich auf Grund der Wanderung des
magnetischen Nordpols. Damit sind auch die Deklination D und die
Nadelabweichung d zeitlich veränderlich.

Deklination D = Winkel zwischen GgN und MN,
von GgN nach Osten +, nach Westen −

Nadelabweichung d = Winkel zwischen GiN und MN,
von GiN nach Osten +, nach Westen −

Meridiankonvergenz c = Winkel zwischen GgN und GiN
von GgN nach Osten +, nach Westen −

(im Bezugsmeridian GiN = GgN; $c = 0$)

Näherungsformel für c:
$$c \approx (L - L_0) \sin \varphi \approx \frac{y}{N} \cdot \rho \cdot \tan \varphi$$

$L - L_0$ = geographischer Längenunterschied zwischen
Standpunkt und Bezugsmeridian
φ = Geographische Breite
N = Querkrümmungsradius (siehe Abschnitt 3.2)
y = Abstand vom Bezugsmeridian
$$\rho = \frac{200\,\text{gon}}{\pi} \ \text{bzw.} \ \frac{180°}{\pi}$$

4 Vermessungstechnische Grundaufgaben

4.1 Einfache Koordinatenberechnungen

4.1.1 Richtungswinkel und Strecke

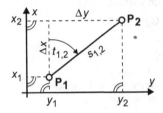

Gegeben: *Koordinaten der Punkte* $P_1(y_1, x_1)$ *und* $P_2(y_2, x_2)$

$$\Delta y = y_2 - y_1$$
$$\Delta x = x_2 - x_1$$

Richtungswinkel

$$t_{1,2} = \arctan \frac{\Delta y}{\Delta x} = \arctan \frac{y_2 - y_1}{x_2 - x_1}$$

Quadrant	t	Δy	Δx	Funktion auf Taschenrechner: $\arctan = \tan^{-1}$
I	t	$+$	$+$	$+\arctan$
II	$t + 200\,\text{gon}$	$+$	$-$	$-\arctan$
III	$t + 200\,\text{gon}$	$-$	$-$	$+\arctan$
IV	$t + 400\,\text{gon}$	$-$	$+$	$-\arctan$

Strecke

$$s_{1,2} = \sqrt{\Delta y^2 + \Delta x^2} = \sqrt{(y_2 - y_1)^2 + (x_2 - x_1)^2}$$

Probe:
$$\Delta y + \Delta x = (y_2 + x_2) - (y_1 + x_1) = s \cdot \sqrt{2} \cdot \sin(t_{1,2} + 50\,\text{gon})$$

Näherungsformel für Spannmaßberechnung

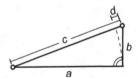

$$\boxed{c = a + d} \quad d \approx \frac{b^2}{2a}; \quad a \approx c; \quad b \text{ klein}$$

© Springer Fachmedien Wiesbaden GmbH, ein Teil von Springer Nature 2022
F. J. Gruber und R. Joeckel, *Formelsammlung für das Vermessungswesen*,
https://doi.org/10.1007/978-3-658-37873-8_4

Formel für quadrantengerechten Richtungswinkel nach JOECKEL

$$\Delta y = y_2 - y_1 + 1 \cdot 10^{-a} \qquad \Delta x = x_2 - x_1 + 1 \cdot 10^{-a}$$

a entspricht der Stellenzahl, mit der gerechnet wird.
(z.B. *a* = 8 bei achtstelliger Genauigkeit)

$$t[\text{rad}] = \arctan \frac{\Delta y}{\Delta x} + \pi - (1 + \text{sgn}\Delta x) \cdot \text{sgn}\,\Delta y \cdot \frac{\pi}{2}$$

$$t[\text{gon}] = \frac{200}{\pi} \arctan \frac{\Delta y}{\Delta x} + 200 - (1 + \text{sgn}\,\Delta x) \cdot \text{sgn}\,\Delta y \cdot 100$$

Für Taschenrechner mit voreingestellter Einheit "Gon"

$$t[\text{gon}] = \arctan \frac{\Delta y}{\Delta x} + 200 - (1 + \text{sgn}\,\Delta x) \cdot \text{sgn}\,\Delta y \cdot 100$$

Genauigkeit

Standardabweichung eines Richtungswinkels

$$s_t[\text{rad}] = \sqrt{\frac{s_P}{s}}$$

$s_P =$ *Standardabweichung eines Punktes (siehe Abschnitt 4.1.2)*
$s =$ *Strecke*

Standardabweichung einer Strecke nach PYTHAGORAS

$$s_s = \sqrt{\left(\frac{\Delta y}{s}\right)^2 \cdot \left(s_{y_1}^2 + s_{y_2}^2\right) + \left(\frac{\Delta x}{s}\right)^2 \cdot \left(s_{x_1}^2 + s_{x_2}^2\right)}$$

$$s_s = \sqrt{s_1^2 + s_2^2} \text{ für } s_1 = s_{y_1} = s_{x_1} \text{ und } s_2 = s_{y_2} = s_{x_2}$$

$s_{y_1}, s_{x_1} =$ *Standardabweichungen der Koordinaten eines Punktes*

Die Berechnung von **Richtungswinkel** und **Strecke** ist auch mit der Tastenfunktion **R - P** eines Taschenrechners möglich. Die Rechenfolge ist aus der Gebrauchsanweisung des Taschenrechners zu entnehmen.

4.1.2 Polarpunktberechnung

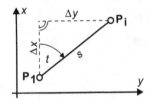

Gegeben: *Koordinaten des Punktes P_1 (y_1, x_1)*
Richtungswinkel t
Strecke s

Koordinatenunterschiede $\boxed{\Delta y = s \cdot \sin t}$ $\boxed{\Delta x = s \cdot \cos t}$

Probe:
$$s^2 = \Delta y^2 + \Delta x^2$$

Koordinaten der Punkte P_i $\boxed{y_i = y_1 + \Delta y}$ $\boxed{x_i = x_1 + \Delta x}$

Die **Polarpunktberechnung** kann auch mit der Tastenfunktion **P - R** eines Taschenrechners erfolgen. Die Rechenfolge ist der Gebrauchsanweisung des Taschenrechners zu entnehmen.

Genauigkeit

Standardabweichung der Koordinaten

$$s_y = \sqrt{\left(\frac{\Delta y}{s} \cdot s_s\right)^2 + (\Delta x \cdot s_\alpha\,[\text{rad}])^2} \qquad s_x = \sqrt{\left(\frac{\Delta x}{s} \cdot s_s\right)^2 + (\Delta y \cdot s_\alpha\,[\text{rad}])^2}$$

Standardabweichung eines Punktes

$$s_P = \sqrt{s_x^2 + s_y^2} \qquad s_P = \sqrt{s_s^2 + (s \cdot s_\alpha\,[\text{rad}])^2}$$

Standardabweichung der Querabweichung

$$s_q = s \cdot s_\alpha\,[\text{rad}]$$

$s_t = s_\alpha =$ *Standardabweichung des Richtungswinkels*
$\quad s_s =$ *Standardabweichung einer Strecke*
$s_y, s_x =$ *Standardabweichung der Koordinaten eines Punktes*

4.1.3 Kleinpunktberechnung

Kleinpunkt in der Geraden

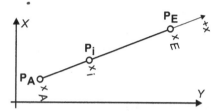

Gegeben: *Koordinaten der Punkte* $P_A(Y_A, X_A)$ *und* $P_E(Y_E, X_E)$
Abszissen im örtlichen Koordinatensystem x_A, x_i, x_E

$s = x_E - x_A =$ *gemessene Strecke s*

$S = \sqrt{(Y_E - Y_A)^2 + (X_E - X_A)^2} =$ *gerechnete Strecke*

Parameter

$$o = \frac{Y_E - Y_A}{s} \qquad a = \frac{X_E - X_A}{s}$$

Probe:
$a^2 + o^2 \approx 1$
$Y_E = Y_A + o \cdot s$
$X_E = X_A + a \cdot s$

Maßstabsfaktor

$$m = \frac{S}{s}$$

Koordinaten der Punkte P_i

$$Y_i = Y_A + o \cdot (x_i - x_A)$$

$$X_i = X_A + a \cdot (x_i - x_A)$$

Probe:
$[Y_i] = n \cdot Y_A + o \cdot ([x_i] - n \cdot x_A)$
$[X_i] = n \cdot X_A + a \cdot ([x_i] - n \cdot x_A)$

$n =$ *Anzahl der Punkte* P_i

oder Berechnung von Y_E, X_E von P_A über P_i

Seitwärts gelegener Punkt

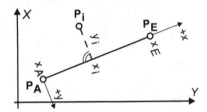

Gegeben: Koordinaten der Punkte $P_A(Y_A, X_A)$ und $P_E(Y_E, X_E)$
Örtliche Koordinaten der Punkte $P_i(y_i, x_i)$

$s = x_E - x_A =$ gemessene Strecke s

$$S = \sqrt{(Y_E - Y_A)^2 + (X_E - X_A)^2} =$$ gerechnete Strecke

Parameter

$$\boxed{o = \frac{Y_E - Y_A}{s}} \quad \boxed{a = \frac{X_E - X_A}{s}}$$

Probe:
$a^2 + o^2 \approx 1$
$Y_E = Y_A + o \cdot s$
$X_E = X_A + a \cdot s$

Maßstabsfaktor

$$\boxed{m = \frac{S}{s}}$$

Koordinaten der Punkte P_i

$$\boxed{Y_i = Y_A + o \cdot (x_i - x_A) + a \cdot y_i}$$

$$\boxed{X_i = X_A + a \cdot (x_i - x_A) - o \cdot y_i}$$

Probe:
$[Y_i] = n \cdot Y_A + o \cdot ([x_i] - n \cdot x_A) + a \cdot [y_i]$
$[X_i] = n \cdot X_A + a \cdot ([x_i] - n \cdot x_A) - o \cdot [y_i]$

$n =$ Anzahl der Punkte P_i

oder Berechnung von Y_E, X_E von P_A über P_i

4.1.4 Höhe und Höhenfußpunkt

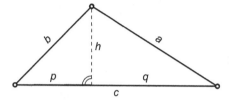

Gegeben: Seiten a, b, c

$$p = \frac{b^2 + c^2 - a^2}{2c}$$

$$q = \frac{a^2 + c^2 - b^2}{2c}$$

$$p + q = c$$

$$h = \sqrt{a^2 - q^2}$$

$$h = \sqrt{b^2 - p^2}$$

vermessungstechnische Bezeichnung für p, q (siehe auch Abschnitt 2.4.6)

Genauigkeit

Standardabweichung der Seite p und q

$$s_p = s_q = \sqrt{\left(\frac{b}{c} \cdot s_b\right)^2 + \left(\frac{1}{2} \cdot s_c\right)^2 + \left(\frac{a}{c} \cdot s_a\right)^2}$$

$s_a, s_b, s_c = $ *Standardabweichung der Seiten* a, b, c

Standardabweichung der Höhe h

$$s_h = \sqrt{\frac{b^2 \cdot s_b^2 + p^2 \cdot s_p^2}{h^2}}$$

4.1.5 Schnitt mit einer Gitterlinie

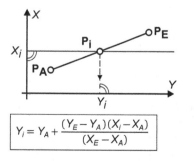

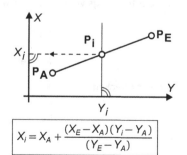

$$Y_i = Y_A + \frac{(Y_E - Y_A)(X_i - X_A)}{(X_E - X_A)}$$

$$X_i = X_A + \frac{(X_E - X_A)(Y_i - Y_A)}{(Y_E - Y_A)}$$

4.1.6 Geradenschnitt

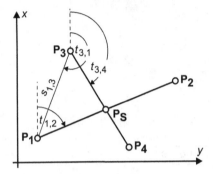

Gegeben: *Koordinaten der Punkte* $P_1(y_1, x_1)$, $P_2(y_2, x_2)$, $P_3(y_3, x_3)$ *und* $P_4(y_4, x_4)$

1. Möglichkeit

$$\tan t_{1,2} = \frac{y_2 - y_1}{x_2 - x_1} \qquad \tan t_{3,4} = \frac{y_4 - y_3}{x_4 - x_3}$$

Koordinaten Schnittpunkt P_S

$$x_S = x_3 + \frac{(y_3 - y_1) - (x_3 - x_1) \cdot \tan t_{1,2}}{\tan t_{1,2} - \tan t_{3,4}}$$

$$y_S = y_1 + (x_S - x_1) \cdot \tan t_{1,2}$$
oder
$$y_S = y_3 + (x_S - x_3) \cdot \tan t_{3,4}$$

Probe:
$$\tan t_{1,2} = \frac{y_2 - y_S}{x_2 - x_S} \text{ oder } \tan t_{3,4} = \frac{y_4 - y_S}{x_4 - x_S}$$

2. Möglichkeit

Berechnung der Richtungswinkel $\quad t_{1,2} = \arctan \dfrac{y_2 - y_1}{x_2 - x_1}$

$$t_{3,1} = \arctan \frac{y_1 - y_3}{x_1 - x_3}$$

$$t_{3,4} = \arctan \frac{y_4 - y_3}{x_4 - x_3}$$

Berechnung der Strecken $\quad s_{1,3} = \sqrt{(y_3 - y_1)^2 + (x_3 - x_1)^2}$

$$s_{1,S} = s_{1,3} \cdot \frac{\sin(t_{3,1} - t_{3,4})}{\sin(t_{3,4} - t_{1,2})}$$

Koordinaten Schnittpunkt P_S $\qquad y_S = y_1 + s_{1,S} \cdot \sin t_{1,2} \qquad x_S = x_1 + s_{1,S} \cdot \cos t_{1,2}$

Probe:
$$t_{1,2} = t_{1,S} (\pm 200 \text{ gon}) \quad = t_{S,2} (\pm 200 \text{ gon})$$

4.1.7 Schnitt Gerade - Kreis

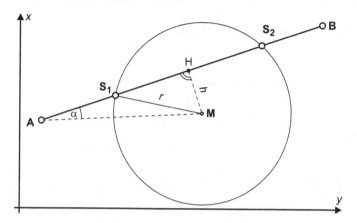

Gegeben: *Koordinaten der Punkte* $A(y_A, x_A), B(y_B, x_B)$
Koordinaten des Kreismittelpunktes $M(y_M, x_M)$
Radius r

Berechnung der Richtungswinkel $\tan t_{A,B} = \dfrac{y_B - y_A}{x_B - x_A}$

$$\tan t_{A,M} = \dfrac{y_M - y_A}{x_M - x_A}$$

Berechnung der Strecken $\overline{AB} = \sqrt{(y_B - y_A)^2 + (x_B - x_A)^2}$

$$\overline{AM} = \sqrt{(y_M - y_A)^2 + (x_M - x_A{}^2)}$$

$\boxed{\alpha = \left| t_{A,M} - t_{A,B} \right|}$

$\boxed{h = \overline{AM} \cdot \sin \alpha}$ $h > r$: keine Lösung
$h = r$: eine Lösung
$h < r$: 2 Lösungen

$\boxed{\overline{HS} = \sqrt{r^2 - h^2}}$

$\boxed{\overline{AH} = \sqrt{\overline{AM}^2 - h^2}}$

$\boxed{\overline{AS_1} = \overline{AH} - \overline{HS}}$ $\boxed{\overline{AS_2} = \overline{AH} + \overline{HS}}$

Koordinaten Schnittpunkt S_1 $\boxed{y_{S_1} = y_A + \overline{AS_1} \cdot \sin t_{A,B}}$ $\boxed{x_{S_1} = x_A + \overline{AS_1} \cdot \cos t_{A,B}}$

Koordinaten Schnittpunkt S_2 $\boxed{y_{S_2} = y_A + \overline{AS_2} \cdot \sin t_{A,B}}$ $\boxed{x_{S_2} = x_A + \overline{AS_2} \cdot \cos t_{A,B}}$

Probe:
$\overline{SM} = r$ und $t_{A,B} = t_{A,S}$

4.2 Flächenberechnung

4.2.1 Flächenberechnung aus Maßzahlen

Dreieck

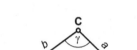

Allgemeines Dreieck

$2F =$ Grundseite $\cdot$ Höhe

$2F = a \cdot b \cdot \sin\gamma = a \cdot c \cdot \sin\beta = b \cdot c \cdot \sin\alpha$

$2F = 4 \cdot r^2 \cdot (\sin\alpha \cdot \sin\beta \cdot \sin\gamma);\ r = Umkreisradius$

$$2F = \frac{c^2}{\cot\alpha + \cot\beta} = \frac{b^2}{\cot\alpha + \cot\gamma} = \frac{a^2}{\cot\beta + \cot\gamma}$$

$2F = 2\sqrt{s(s-a)(s-b)(s-c)}$ mit $s = \dfrac{a+b+c}{2}$

Rechtwinkliges Dreieck $\boxed{2F = a \cdot b}$

Gleichschenkliges Dreieck $\boxed{2F = a^2 \cdot \sin\gamma}$

Gleichseitiges Dreieck $\boxed{2F = \dfrac{1}{2} \cdot a^2 \cdot \sqrt{3}}$

Trapez

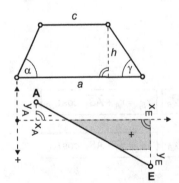

Allgemeines Trapez

$\boxed{2F = \dfrac{a^2 - c^2}{\cot\alpha + \cot\gamma}}$ $\boxed{2F = (a+c) \cdot h}$

Verschränktes Trapez

$\boxed{2F = (x_E - x_A)(y_E + y_A)}$

Beachten: (y_A, x_A); (y_E, x_E)
sind vorzeichenbehaftete Koordinaten

Kreis

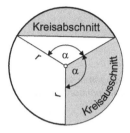

Kreisfläche $F = \pi \cdot r^2$

Kreisausschnitt (Sektor) $F = \dfrac{\alpha}{2} \, [\text{rad}] \cdot r^2$

Kreisabschnitt (Segment) $F = \dfrac{r^2}{2} \cdot (\alpha \, [\text{rad}] - \sin \alpha)$

4.2.2 Flächenberechnung aus Koordinaten

Gaußsche Flächenformel

Trapezformel $\displaystyle 2F = \sum_{i=1}^{n} (y_i + y_{i+1})(x_i - x_{i+1})$ $\displaystyle 2F = \sum_{i=1}^{n} (x_i + x_{i+1})(y_{i+1} - y_i)$

Dreiecksformel $\displaystyle 2F = \sum_{i=1}^{n} y_i \, (x_{i-1} - x_{i+1})$ $\displaystyle 2F = \sum_{i=1}^{n} x_i \, (y_{i+1} - y_{i-1})$

In einem n Eck gilt:
für $i = n$ folgt für $i + 1 = 1$
und
für $i = 1$ folgt für $i - 1 = n$

Flächenberechnung im Uhrzeigersinn $\Rightarrow$ Fläche positiv
Flächenberechnung gegen den Uhrzeigersinn $\Rightarrow$ Fläche negativ

Fläche aus Polarkoordinaten

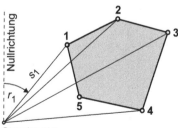

Standpunkt

Grundformel: $F = \dfrac{1}{2} a \cdot b \cdot \sin \gamma$ $\displaystyle 2F = \sum_{i=1}^{n} s_i \cdot s_{i+1} \cdot \sin (r_{i+1} - r_i)$

$r_i =$ *gemessene Richtung*
$s_i =$ *gemessene Strecke*

4.2.3 Flächenreduktionen

Gauß-Krüger-System

Flächenreduktion
Gauß-Krüger

$$r_{F_{GK}} = -\frac{Y_m^2 \cdot F_{GK}^2}{R^2}$$

Y_m = mittlerer Abstand zum Bezugsmeridian
F_{GK} = berechnete Fläche aus Landeskoordinaten
R = Erdradius 6380 km

Fläche auf dem Erdellipsoid

$$F_{Ell} = F_{GK} + r_{F_{Gk}}$$

UTM-System

Flächenreduktion UTM

$$r_{F_{UTM}} = \frac{F_{UTM}}{\left(0{,}9996 \cdot \left(1 + \frac{Y_m^2}{2R^2}\right)\right)^2} - F_{UTM}$$

Y_m = mittlerer Abstand zum Bezugsmeridian
F_{UTM} = berechnete Fläche aus Landeskoordinaten
R = Erdradius 6380 km

Fläche auf dem Erdellipsoid

$$F_{Ell} = F_{UTM} + r_{F_{UTM}}$$

4.2.4 Zulässige Abweichungen für Flächenberechnungen

Baden-Württemberg:

Z_F bedeutet die größte zulässige Abweichung in Quadratmetern zwischen einer aus Landeskoordinaten berechneten Fläche F und der im Liegenschaftskataster nachgewiesen Flurstücksfläche

Genauigkeitsstufe 1 und 2 $Z_F = 0{,}2\sqrt{F}$

4.3 Flächenteilungen

4.3.1 Dreieck

Gegeben: *Koordinaten der Punkte* $A(y_A, x_A)$, $B(y_B, x_B)$, $C(y_C, x_C)$ bzw. $G(y_G, x_G)$
$F_1 = $ *Teilungsfläche*

Berechnung der Strecken $\overline{AB}$, $\overline{AC}$, $\overline{BC}$ bzw. $\overline{AG}$ (siehe Abschnitt 4.1.1)

Berechnung der Fläche $\triangle ABC$ (siehe Abschnitt 4.2.2)

Nach der Ermittlung der Strecken *s* werden die Koordinaten der Neupunkte *P* mit diesen Strecken *s* über die **Kleinpunktberechnung** (siehe Abschnitt 4.1.3) ermittelt.
Probe: F_1 aus Koordinaten berechnen

Von einem Eckpunkt

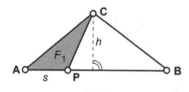

$$s = \frac{F_1 \cdot \overline{AB}}{F} = \frac{2F_1}{h}$$

$F = $ *Fläche* $\triangle ABC$
$F_1 = $ *Teilungsfläche*

Durch gegebenen Punkt G

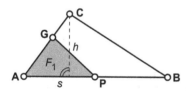

$$s = \frac{F_1 \cdot \overline{AC} \cdot \overline{AB}}{F \cdot \overline{AG}} = \frac{2F_1 \cdot \overline{AC}}{h \cdot \overline{AG}}$$

$F = $ *Fläche* $\triangle ABC$
$F_1 = $ *Teilungsfläche*

Parallel zur Grundlinie

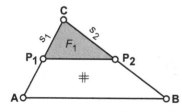

$$s_1 = \overline{AC} \cdot \sqrt{\frac{F_1}{F}} \qquad s_2 = \overline{BC} \cdot \sqrt{\frac{F_1}{F}}$$

$F = $ *Fläche* $\triangle ABC$
$F_1 = $ *Teilungsfläche*

Senkrecht zur Grundlinie

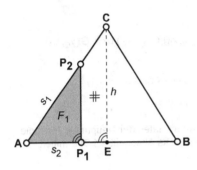

Berechnung von h, $\overline{AE}$ **mit Höhe und Höhenfußpunkt** (siehe Abschnitt 4.1.4)

$$s_1 = \overline{AC} \cdot \sqrt{\frac{F_1}{F_2}}$$

$$s_2 = \overline{AE} \cdot \sqrt{\frac{F_1}{F_2}}$$

$F_1 = $ Teilungsfläche

$$F_2 = \frac{\overline{AE} \cdot h}{2}$$

4.3.2 Viereck

Gegeben: *Koordinaten der Punkte* $A(y_A, x_A)$, $B(y_B, x_B)$, $C(y_C, x_C)$, $D(y_D, x_D)$
bzw. $G(y_G, x_G)$
$F_1 = $ *Teilungsfläche*

Berechnung der Strecke $\overline{AB}$ (siehe Abschnitt 4.1.1)

Berechnung der Flächen $\triangle ABD$ bzw. $\triangle ABG$, $\triangle AGD$ (siehe Abschnitt 4.2.2)

Nach der Ermittlung der Strecken s werden die Koordinaten der Neupunkte P mit diesen Strecken s über die **Kleinpunktberechnung** (siehe Abschnitt 4.1.3) ermittelt.

Probe: F_1 aus Koordinaten berechnen

Von einem Eckpunkt

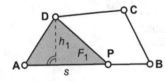

$$s = \frac{2F_1}{h_1} = \frac{F_1 \cdot \overline{AB}}{F_{\triangle ABD}}$$

$F_1 = $ Teilungsfläche

Durch gegebenen Punkt G

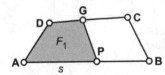

$$s = \frac{F_1' \cdot \overline{AB}}{F_{\triangle ABG}}$$

$F_1 = $ Teilungsfläche
$F_1' = F_1 - F_{\triangle AGD}$

Parallelteilung

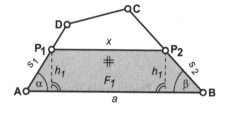

$$x = \sqrt{a^2 - 2F_1\left(\cot\alpha + \cot\beta\right)}$$

$$h_1 = \frac{2F_1}{a+x}$$

$$s_1 = \frac{h_1}{\sin\alpha} \qquad s_2 = \frac{h_1}{\sin\beta}$$

$F_1 = $ Teilungsfläche

Senkrechtteilung

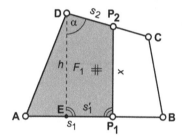

Berechnung von h, $\overline{AE}$ **mit Höhe und Höhenfußpunkt** (siehe Abschnitt 4.1.4)

$$x = \sqrt{h^2 - 2F_1' \cdot \cot\alpha}$$

$$s_1' = \frac{2F_1'}{h+x}$$

$$s_1 = \overline{AE} + s_1' \qquad s_2 = \frac{s_1'}{\sin\alpha}$$

$F_1 = $ Teilungsfläche
$F_1' = F_1 - F_{\triangle AED}$

$$F_{\triangle AED} = \frac{\overline{AE} \cdot h}{2}$$

Sonderfall

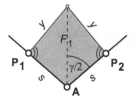

$$s = \sqrt{F_1 \cdot \cot\frac{\gamma}{2}}$$

$$y = \frac{F_1}{s}$$

$F_1 = $ Teilungsfläche

5 Winkelmessung

5.1 Achsenabweichungen beim Theodolit

Berechnung der Abweichungen als Verbesserung

5.1.1 Zielachsenabweichung

Die Zielachsenabweichung c ist der Winkel, um den die Zielachse des Theodolits vom rechten Winkel zur Kippachse abweicht.

k_c ist die Korrektion einer Richtung in einer Fernrohrlage wegen einer Zielachsenabweichung.

Zielachsenabweichung c

Bestimmung:

Anzielen eines etwa in Kippachsenhöhe liegenden Punktes in zwei Fernrohrlagen

$$c = \frac{(A_{II} - A_I) - 200 \, \text{gon}}{2}$$

A_I = Ablesung Horizontalrichtung Lage I
A_{II} = Ablesung Horizontalrichtung Lage II

Zielachsenkorrektur

Auswirkungen auf die Horizontalrichtung $\quad k_c = \dfrac{c}{\sin z} \quad z = Zenitwinkel$

Minimum $z = 100 \, \text{gon} \; k_c = c$
Maximum $z = 0 \, \text{gon}$

Auswirkungen auf den Horizontalwinkel $\quad \Delta k_c = c \cdot \left(\dfrac{1}{\sin z_2} - \dfrac{1}{\sin z_1} \right)$

Die **Zielachsenabweichung** kann durch Beobachten der Horizontalrichtung in zwei Fernrohrlagen und Mittelung der Messwerte **eliminiert** werden.

© Springer Fachmedien Wiesbaden GmbH, ein Teil von Springer Nature 2022
F. J. Gruber und R. Joeckel, *Formelsammlung für das Vermessungswesen*,
https://doi.org/10.1007/978-3-658-37873-8_5

5.1.2 Kippachsenabweichung

k ist der Winkel, um den die Kippachse vom rechten Winkel zur Stehachse abweicht.

k_k ist die Korrektion einer Richtung in einer Fernrohrlage wegen einer Kippachsenabweichung.

Bestimmung:

a) Anzielen eines hochgelegenen Punktes in zwei Fernrohrlagen ($z \leq 70\,\text{gon}$)

$$k = \left(\frac{(A_{II} - A_{I}) - 200\,\text{gon}}{2} - \frac{c}{\sin z} \right) \tan z$$

A_I = Ablesung Horizontalrichtung Lage I
A_{II} = Ablesung Horizontalrichtung Lage II
z = Zenitwinkel

b) Abloten eines hohen Punktes in zwei Fernrohrlagen, nachdem Steh- und Zielachsenabweichung beseitigt sind.

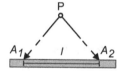

$$k = \arctan \frac{l}{2s} \cdot \tan z$$

l = Abstand $A_1 A_2$ an der Maßstabsleiste
s = Entfernung Theodolit - Maßstabsleiste
z = Zenitwinkel

Kippachsenkorrektion

Auswirkungen auf die Horizontalrichtung $\boxed{k_k = k \cdot \cot z}$ z = Zenitwinkel

Minimun $z = 100\,\text{gon}$; $k = 0$
Maximum $z = 0\,\text{gon}$

Auswirkungen auf den Horizontalwinkel $\boxed{\Delta k_k = k \cdot (\cot z_2 - \cot z_1)}$

Die **Kippachsenabweichung** kann durch Beobachten der Horizontalrichtung in zwei Fernrohrlagen und Mittelung der Messwerte **eliminiert** werden.

Gemeinsame Bestimmung von Zielachsen- und Kippachsenabweichung

Messung der Horizontalrichtungen zu zwei Punkten in zwei Fernrohrlagen

$\Delta R_i = (A_{II} - A_I - 200 \, \text{gon}) = 2k_c + 2k_k$

$A_I = $ Ablesung Horizontalrichtung Lage I
$A_{II} = $ Ablesung Horizontalrichtung Lage II
$z = $ Zenitwinkel

Kippachsenabweichung
$$k = \frac{\Delta R_1 \cdot \sin z_1 - \Delta R_2 \cdot \sin z_2}{2\,(\cos z_1 - \cos z_2)}$$

Zielachsenabweichung
$$c = \frac{\Delta R_1 \cdot \sin z_1 - 2k \cdot \cos z_1}{2}$$

5.1.3 Höhenindexkorrektion

Korrektion eines in einer Fernrohrlage gemessenen Zenitwinkels wegen fehlerhafter Stellung des Höhenindex.

Bestimmung:

Anzielen eines Punktes in beiden Fernrohrlagen und Ablesen der Zenitwinkel

$$k_z = \frac{400 \, \text{gon} - (z_I + z_{II})}{2}$$

$z_I = $ Ablesung Zenitwinkel Lage I
$z_{II} = $ Ablesung Zenitwinkel Lage II

Verbesserung $v_z = k_z$

Die Höhenindexkorrektion wird durch Beobachten des Zenitwinkels in zwei Fernrohrlagen und Abgleichung der Ablesungen auf 400 gon eliminiert.

Stehachsenabweichung - Stehachsenschiefe v

Winkel, den die Stehachse des Theodolits mit der Lotrichtung bildet.

v ist kein Instrumentenfehler und nicht durch Messung in zwei Fernrohrlagen eliminierbar.

Deshalb muss die Stehachsenlibelle sorgfältig justiert und eingespielt werden.

Digitale Theodoliten sind mit einer elektrischen Libelle zur automatischen Erfassung der Stehachsenschiefe ausgestattet. Hier muss der Theodolit (Tachymeter) mit der Dosenlibelle so genau vorhorizontiert werden, dass der Messbereich der elektrischen Libelle nicht überschritten wird.

5.2 Horizontalwinkelmessung

5.2.1 Begriffsbestimmung

Beobachten in 2 Halbsätzen: Beobachten in Lage I (A_I)
Teilkreisverstellung um wenige gon
Beobachten in Lage II (A_{II})

Beobachten in Vollsätzen: Beobachten in Lage I (A_I) und Lage II (A_{II})
Teilkreisverstellung um 200/n
weitere ($n-1$) Beobachtungen in Lage I und Lage II
$n =$ Anzahl der Sätze

Bei elektronischen Winkelmessinstrumenten ist eine tatsächliche Teilkreiseinstellung nicht mehr möglich und kann somit entfallen.

5.2.2 Satzweise Richtungsmessung

Berechnung:

Reduzierung der Ablesungen in jedem Satz auf die erste Richtung R_1

$$R_i = \frac{A_I + (A_{II} \pm 200 \, \text{gon})}{2} - R_1 \, [\text{Lage I}]$$

$A_I =$ Ablesung Lage I
$A_{II} =$ Ablesung Lage II

Mittel aus allen Sätzen $$R_{iM} = \frac{[R_i]}{n}$$

$n =$ Anzahl der Sätze
$s =$ Anzahl der Richtungen

Summenprobe $[A_I] + [A_{II}] = 2n \cdot [R_{iM}] + s \cdot (R_1 \, [\text{Lage I}] + R_1 \, [\text{Lage II}])$

Genauigkeit

Standardabweichung einer in einem Satz beobachteten Richtung

$$s_R = \sqrt{\frac{[vv]}{(n-1)(s-1)}}$$

$d_i = R_{iM} - R_i$
$v_i = d_i - [d] \, / \, s$ (Satzweise)
$[v_i] = 0$
$n =$ Anzahl der Sätze
$s =$ Anzahl der Richtungen

Standardabweichung einer in n - Sätzen beobachteten Richtung

$$s_{\overline{R}} = s_R \cdot \frac{1}{\sqrt{n}}$$

Standardabweichung eines Winkels

$$s_\alpha = s_{\overline{R}} \cdot \sqrt{2}$$

5.2.3 Winkelmessung mit Horizontschluss

Alle Winkel zwischen zwei Richtungen werden einzeln beobachtet.

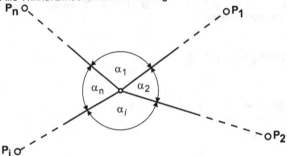

Berechnung:

ausgeglichener Winkel $\quad \boxed{\overline{\alpha_i} = \alpha_i + v} \qquad v = -w / s$

Widerspruch $\qquad\qquad \boxed{w = [\alpha_i] - 400\,\text{gon}}$

$s = $ Anzahl der Richtungen

Genauigkeit

Standardabweichung eines beobachteten Winkels

$$s_{\alpha_n} = \frac{w}{\sqrt{s}} \qquad s = \text{Anzahl der Richtungen}$$

Standardabweichung eines ausgeglichenen Winkels

$$s_{\overline{\alpha}} = s_{\alpha_n} \cdot \sqrt{1 - \frac{1}{s}} \qquad s = \text{Anzahl der Richtungen}$$

5.2.4 Satzvereinigung von zwei unvollständigen Teilsätzen

Es sind mindestens zwei gemeinsame Ziele notwendig

Reduzieren

$$o_i = R_{1i} - R_{2i}$$

$R_{1i} =$ *Richtungen 1. Teilsatz*
$R_{2i} =$ *Richtungen 2. Teilsatz*

Orientierungsunbekannte

$$o = \frac{[o_i]}{n}$$

$n =$ *Anzahl der gemeinsamen Ziele*

orientierte Richtungen des 2. Teilsatzes

$$R_{oi} = R_{2i} + o$$

endgültige Richtung

$$R_i = \frac{R_{1i} + R_{oi}}{2}$$

Summenprobe

$$[R_{2i}] + s \cdot o = [R_{oi}]$$

$s =$ *Anzahl der Richtungen*

Verbesserung

$$v_{1i} = R_i - R_{1i}$$ $$v_{2i} = R_i - R_{oi}$$

$$v_i = \frac{(v_{1i} + v_{2i})}{2}$$

Probe:
$$[v_i] = [v_{1i}] = [v_{2i}] = 0$$

5.2.5 Winkelmessung mit der Bussole

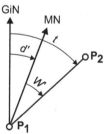

Bestimmung der Missweisung der Sicht d':

Messung des magnetischen Azimuts W'
auf einem koordinierten Punkt P_1 nach einem koordinierten Punkt P_2
Missweisung der Sicht $d' = t - W'$

$W' =$ *gemessenes magnetisches Azimut*
$t =$ *Richtungswinkel*

Die so ermittelte Missweisung der Sicht enthält auch noch etwaige Instrumentenfehler.

5.3 Vertikalwinkelmessung

Höhenindexkorrektion

$$k_{z_i} = \frac{400\,\text{gon} - \left(z_{I_i} + z_{II_i}\right)}{2} \qquad \text{wobei } i = 1\ldots s \cdot n$$

$z_{I_i} = $ *Ablesung Zenitwinkel Lage I*
$z_{II_i} = $ *Ablesung Zenitwinkel Lage II*
$s = $ *Anzahl der Richtungen*
$n = $ *Anzahl der Sätze*

Mittelwert der Höhenindexkorrektion $\qquad \bar{k}_z = \dfrac{\left[k_{z_i}\right]}{s \cdot n}$

Verbesserung der Höhenindexkorrektion $\quad v_{k_{z_i}} = \bar{k}_z - k_{z_i}$

korrigierter Zenitwinkel $\qquad z_{I_i} = \dfrac{\left(z_{I_i} - z_{II_i}\right) + 400\,\text{gon}}{2}$

oder

$$z_{I_i} = z_{I_i} + k_{z_i} \qquad z_{II_i} = z_{II_i} + k_{z_i}$$

korrigierter Zenitwinkel aus n Sätzen $\qquad \bar{z}_{I_i} = \dfrac{\left[z_{I_i}\right]}{n}$

Summenprobe pro Richtung $\qquad \bar{z}_{I_i} = \dfrac{\left[z_{I_i} - z_{II_i} + 400\,\text{gon}\right]}{2n}$

Genauigkeit

Standardabweichung für die einmal bestimmte Höhenindexkorrektion

$$s_{k_z} = \sqrt{\frac{\left[v_{k_{z_i}} v_{k_{z_i}}\right]}{s \cdot n - 1}} \qquad \begin{array}{l} s = \textit{Anzahl der Richtungen} \\ n = \textit{Anzahl der Sätze} \end{array}$$

Standardabweichung des Mittels aller $n \cdot s$ Höhenindexkorrektionen

$$s_{\bar{k}_z} = \frac{s_{k_z}}{\sqrt{n \cdot s}} \qquad \begin{array}{l} s = \textit{Anzahl der Richtungen} \\ n = \textit{Anzahl der Sätze} \end{array}$$

Standardabweichung eines in n Sätzen beobachteten Zenitwinkels $\bar{z}$

$$s_{\bar{z}} = \frac{s_{k_z}}{\sqrt{n}} \qquad \begin{array}{l} s = \textit{Anzahl der Richtungen} \\ n = \textit{Anzahl der Sätze} \end{array}$$

6 Streckenmessung

6.1 Streckenmessung mit Messbändern - Korrektionen und Reduktionen

Temperaturkorrektion

$$k_t = \alpha \cdot (t - t_0) \cdot D_A$$

D_A = abgelesene Bandlänge
α = Ausdehnungskoeffizient
$\quad \alpha_{Stahl}$ = 0,0000115 m/m °C
$\quad \alpha_{Invar}$ = 0,000001 m/m °C
t = Bandtemperatur
t_0 = Bezugstemperatur, $t_0 = 20$°C

Kalibrierkorrektion

$$k_k = \frac{D_{Ist}}{D_0} \cdot D_A$$

D_A = abgelesene Bandlänge
D_{Ist} = Ist-Wert eines Messbandes
$\quad$ Bestimmung auf einer Vergleichsstrecke oder auf einem Komparator
D_0 = Solllänge des Messbandes unter Normalbedingungen (Nennmaß)

Länge eines freihängenden Bandes $\boxed{D = D_A + k_k + k_t}$

Alignementreduktion

wegen Messbandneigung sowie seitlicher Auslage

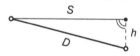

$$r_a = -\frac{h^2}{2D}$$

$$S = D + r_a$$

Durchhangreduktion

bei gleichen Höhen der Bandenden

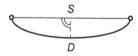

$$r_d = -\frac{D^3 \cdot p^2}{24F^2}$$

$$S = D + r_d$$

F = Spannkraft gemessen in N
p = Eigengewicht des Messbandes pro Längeneinheit in N/m

© Springer Fachmedien Wiesbaden GmbH, ein Teil von Springer Nature 2022
F. J. Gruber und R. Joeckel, *Formelsammlung für das Vermessungswesen*,
https://doi.org/10.1007/978-3-658-37873-8_6

6.2 Optische Streckenmessung

6.2.1 Basislattenmessung

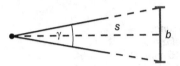

Gegeben: *Basis b*
Gemessen: *Parallaktischer Winkel* γ

$$s = \frac{b}{2} \cdot \cot \frac{\gamma}{2}$$

Genauigkeit

Standardabweichung der berechneten Strecke *s*

$$s_s = \sqrt{\left(\frac{s}{b} \cdot s_b\right)^2 + \left(\frac{s^2}{b} \cdot s_\gamma [\text{rad}]\right)^2}$$

b fehlerfrei:

$$s_s = \frac{s^2}{b} \cdot s_\gamma [\text{rad}]$$

$s_b = $ *Standardabweichung der Latte b*
$s_\gamma = $ *Standardabweichung des Winkels* γ

6.2.2 Strichentfernungsmessung (Reichenbach)

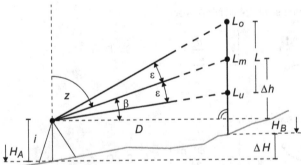

Gemessen: *Zenitwinkel z*   Bekannt:
           Lattenablesung oben L_o $\epsilon = \arctan\left(\frac{1}{2k}\right)$
           Lattenablesung unten L_u $k = 100$
           Lattenablesung Mitte L_m $\epsilon = 0{,}3183\,\text{gon}$
           Instrumentenhöhe i

Näherungsformeln:

$$D = 100 \cdot L \cdot \cos^2 \beta = 100 \cdot L \cdot \sin^2 z$$ $L = L_o - L_u$

$$\Delta h = 100 \cdot L \cdot \sin \beta \cdot \cos \beta = 100 \cdot L \cdot \sin z \cdot \cos z$$ $\beta = 100\,\text{gon} - z$

$$\Delta H = \Delta h - L_m + i$$

6.3 Elektronische Distanzmessung

6.3.1 Elektromagnetische Wellen

Signalgeschwindigkeit $c = \dfrac{c_0}{n}$

Lichtgeschwindigkeit im Vakuum $c_0 = 299\ 792\ 458$ m/s

Brechzahl n der Atmosphäre $n = \dfrac{c_0}{c}$ $N = (n-1) \cdot 10^6$

$$n = n(p, t, e, \lambda_T)$$

$p = $ *Luftdruck*
$t = $ *Temperatur*
$e = $ *Feuchte*
$\lambda_T = $ *Trägerwellenlänge*

Modulationsfrequenz $f = \dfrac{c}{\lambda_M}$

$\lambda_M = $ *Modulationswellenlänge*

6.3.2 Messprinzipien der elektronischen Distanzmessung

Impulsverfahren

Der Sender sendet nur während sehr kurzer Zeit und das ausgesandte Wellenpaket (Puls) dient als Messsignal.

$$\boxed{D = \frac{c_0}{2n} \cdot \Delta t}$$

$\Delta t = $ *Impulslaufzeit*
$c_0 = $ *Lichtgeschwindigkeit im Vakuum*
$n = $ *Brechzahl der Atmosphäre*

Phasenvergleichsverfahren

Der vom Sender kontinuierlich abgestrahlten Welle wird ein periodisches Messsignal aufmoduliert.

$$\boxed{D = n \cdot \frac{\lambda_M}{2} + \frac{\Delta \varphi}{2\pi} \cdot \frac{\lambda_M}{2}}$$

$\lambda_M = $ *Modulationswellenlänge* $= \dfrac{c}{f}$
$n = $ *Anzahl der λ_M*
$\Delta \varphi = $ *Phasendifferenz*

6.3.3 Einflüsse der Atmosphäre

Brechzahl N bei Licht als Trägerwelle

für Normatmosphäre nach DIN ISO 2533

Luft trocken; $0,03\% \, CO_2$
$T = 273 \, K$
$p = 1023,25 \, hPa$

Gruppenbrechungsindex n_{Gr} nach BARRELL und SEARS

$$\left(n_{Gr} - 1\right) \cdot 10^6 = 287,604 + 3 \cdot \frac{1,6288}{\lambda_T^2} + 5 \cdot \frac{0,0136}{\lambda_T^4}$$

$\lambda_T = Trägerwellenlänge$ in μm

für tatsächliche Verhältnisse

Brechungsindex N_L nach KOHLRAUSCH

$$N_L = (n_L - 1) = 987 \cdot 10^{-6} \cdot \frac{(n_{Gr} - 1)}{(1 + \alpha \cdot t)} \cdot p - \frac{4,1 \cdot 10^{-8}}{(1 + \alpha \cdot t)} \cdot e$$

$t = Trockentemperatur$ in $°C$
$t_f = Feuchttemperatur$ in $°C$
$p = Luftdruck$ in hPa
$e = Partialdampfdruck\ des\ Wasserdampfs$ in hPa
$\alpha = Ausdehnungskoeffizient\ der\ Luft = 0,003661$

Einfluss von e vernachlässigbar klein!

Genauigkeit

$dN_L = dn_L 10^6 = 0,29dp - 0,98dt - 0,06dt_f$

Standardabweichung der Distanz D
Einfluss von p, t, t_f

$$s_D = \sqrt{0,09 s_p^2 + 0,96 s_t^2 + 0,004 s_{t_f}^2} \cdot 10^{-6} \cdot D$$

6.4 Vertikale Exzentrizität

6.4.1 Distanzmesser ohne eigene Kippachse

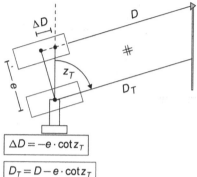

$$\Delta D = -e \cdot \cot z_T$$

$$D_T = D - e \cdot \cot z_T$$

6.5 Streckenkorrektionen und -reduktionen

6.5.1 Frequenzkorrektion

$$k_f = D_a \cdot \frac{f_0 - f}{f}$$

$D_a =$ abgelesene Distanz
$f =$ gemessene Frequenz
$f_0 = \dfrac{c_0}{n_0 \cdot \lambda} =$ Bezugsfrequenz

    $c_0 =$ Lichtgeschwindigkeit im Vakuum
    $n_0 =$ Bezugsbrechzahl
    $\lambda =$ Trägerwellenlänge

$$D = D_a + k_f$$

6.5.2 Meteorologische Korrektion (1.Geschwindigkeitskorrektion)

$$k_n = D_a \cdot \frac{(n_0 - n)}{n}$$

$D_a =$ gemessene Distanz
$n_0 =$ Bezugsbrechzahl
$n =$ tatsächliche Brechzahl der Atmosphäre

$$D = D_a + k_n$$

6.5.3 Zyklische Korrektion

Bestimmung:

Messanordnung im Labor

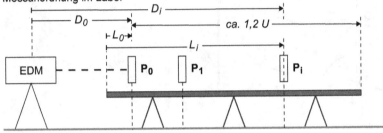

Auswertung:

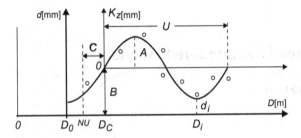

$$d_i = (L_i - L_0) - (D_i - D_0)$$

Graphische Bestimmung der Sinusfunktion
- Auftragen der Differenz d_i im oben dargestellten Diagramm
- Konstruktion der Sinuskurve, Abgreifen der erforderlichen Werte

$$k_{z_i} = A \cdot \sin\left(\frac{2\pi}{U} \cdot (D_i - C)\right) \quad \text{mit } C = D_C - n \cdot U$$

$A =$ Amplitude der zyklischen Verbesserung
$U = \lambda/2 =$ Länge des Feinmaßstabes
$\lambda =$ Modulationswellenlänge
$n =$ Anzahl der ganzen Wellen
$D_i =$ Distanz

6.5.4 Nullpunktkorrektion

Nullpunktkorrektion und Maßstabskorrektion aus Vergleich mit Sollstrecken

Einteilung

Alle Teilstrecken an der gleichen Stelle des Feinmaßstabes
gleichmäßig über die Gesamtstrecke verteilen,
Bestimmung mit Schräg- oder Horizontalstrecken

$$\Delta D = D_{Soll} - D$$

$D = D_a + k_n + k_f + k_z$

D_a = gemessene Distanz
k_n = meteorologische Korrektion
k_f = Frequenzkorrektion
k_z = zyklische Korrektion

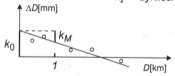

Ausgleichende Gerade: $\Delta D = k_0 + k_M \cdot D$

Ausgleichung

Verbesserungsgleichung: $v_i = k_0 + k_M \cdot D_i - \Delta D_i$ D in km; ΔD in mm

Nullpunktkorrektion

$$k_{0[mm]} = \frac{[DD] \cdot [\Delta D] - [D] \cdot [D \cdot \Delta D]}{n \cdot [DD] - [D]^2}$$

Maßstabskorrektion für 1 km

$$k_{M[mm]} = \frac{-[D] \cdot [\Delta D] + n \cdot [D \cdot \Delta D]}{n \cdot [DD] - [D]^2}$$

Genauigkeit

Standardabweichung der Gewichtseinheit (einer gemessenen Strecke)

$$s_0 = s_D = \sqrt{\frac{[v_i v_i]}{n-2}}$$ n = Anzahl der Messungen

Standardabweichung der Nullpunktkorrektion

$$s_{k_0} = s_0 \cdot \sqrt{Q_{k_0 k_0}}$$ $Q_{k_0 k_0} = \frac{[DD]}{n \cdot [DD] - [D]^2}$

Standardabweichung der Maßstabskorrektion

$$s_{k_M} = s_0 \cdot \sqrt{Q_{k_M k_M}}$$ $Q_{k_M k_M} = \frac{n}{n \cdot [DD] - [D]^2}$

Bestimmung der Nullpunktkorrektion durch Streckenmessung in allen Kombinationen

Einteilung

Geradlinige Raumstrecke unterteilt in t Teilstrecken

Anzahl der möglichen Strecken: $n = \dfrac{t\,(t+1)}{2}$

Lageskizze für $t = 4$ Teilstrecken:

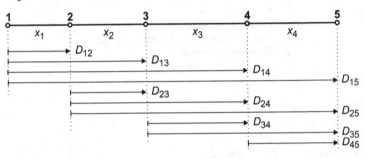

Direkte Berechnung

Allgemein

$$k_0 = \frac{6}{t\,(t^2-1)} \cdot \sum_{j=1}^{t} \sum_{i=1}^{t-j+1} (2i-t-1) \cdot D_{0,5(-j^2+(2t+3)\cdot j)+i-t-1}$$

Geschlossene Formel für 3 Teilstrecken

$$k_0 = \frac{1}{4}\left(-2D_{12} + 2D_{14} - 2D_{23} - 2D_{34}\right)$$

Geschlossene Formel für 4 Teilstrecken

$$k_0 = \frac{1}{10}\left(-3D_{12} - D_{13} + D_{14} + 3D_{15} - 3D_{23} - D_{24} + D_{25} - 3D_{34} - D_{35} - 3D_{45}\right)$$

Geschlossene Formel für 5 Teilstrecken

$$k_0 = \frac{1}{10}\left(-2D_{12} - D_{13} + D_{15} + 2D_{16} - 2D_{23} - D_{24} + D_{26} - 2D_{34} - D_{35} - 2D_{45} - D_{46} - 2D_{56}\right)$$

Berechnung der Nullpunktkorrektion und der Teilstrecken über Ausgleichungsrechnung

(Matrizenschreibweise):

$p = t + 1$ Unbekannte (t Teilstrecken, 1 Nullpunktkorrektion)

Verbesserungsgleichungen $\mathbf{v} = \mathbf{A} \cdot \mathbf{X} - \mathbf{l}$

$$v_{ij} = \sum_{k=i}^{j-1} x_k - k_0 - D_{ij} \qquad \text{für } i = 1 \ldots (p-1)$$

$$\text{und } j = (i+1) \ldots p$$

Normalgleichungen $\mathbf{N} \cdot \mathbf{X} - \mathbf{r} = 0$

Unbekannte $\mathbf{X} = \mathbf{N}^{-1} \cdot \mathbf{r} = \mathbf{Q}_{xx} \cdot \mathbf{r}$

$\mathbf{v} =$ *Vektor der Verbesserungen*
$\mathbf{X} =$ *Vektor der Unbekannten*
$\mathbf{l} =$ *Vektor der Beobachtungen (Strecken D)*
$\mathbf{r} =$ *Vektor der Absolutglieder* ($\mathbf{r} = \mathbf{A}^T \cdot \mathbf{l}$)
$\mathbf{A} =$ *Koeffizientenmatrix der Unbekannten*
$\mathbf{N} =$ *Normalgleichungsmatrix*
$\mathbf{QQ}_{xx} =$ *Kofaktorenmatrix der Unbekannten*
    (Inverse $\mathbf{N}^{-1}$ der Normalgleichungsmatrix)

Genauigkeit

Standardabweichung der Gewichtseinheit

$$s_0 = s_D = \sqrt{\frac{[\mathbf{v}^T \mathbf{v}]}{n-p}} \qquad n - p = \frac{1}{2}(t+1)(t-2) \qquad n = \textit{Anzahl der Messungen}$$

Standardabweichung der Nullpunktkorrektion

$$s_{k_0} = s_0 \cdot \sqrt{\frac{6}{t(t-1)}} = s_0 \cdot \sqrt{Q_{k_0 k_0}} \qquad t = \textit{Anzahl der Teilstrecken}$$

Standardabweichung der unbekannten Teilstrecken

$$s_{x_i} = s_0 \cdot \sqrt{\frac{2(d+1)}{t+1}} = s_0 \cdot \sqrt{Q_{x_i x_i}} \qquad d = \frac{12}{t(t^2-1)} \qquad t = \textit{Anzahl der Teilstrecken}$$

6.5.5 Geometrische Reduktionen

Neigungs- und Höhenreduktion

$$r_{N,H} = r_N + r_H$$

$r_N =$ Neigungsreduktion
$r_H =$ Höhenreduktion

Höhenunterschied gegeben:

für Strecken $< 10\,\text{km}$: $S_R = D$ und $S = S_0$

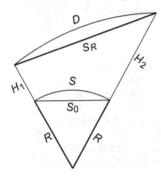

Reduktion wegen Neigung und Höhe

$$r_{N,H} = D\left(\sqrt{\dfrac{1 - \left(\dfrac{H_2 - H_1}{D}\right)^2}{\left(1 + \dfrac{H_1}{R}\right)\left(1 + \dfrac{H_2}{R}\right)}} - 1\right)$$

Strecke auf Bezugsfläche

$$S = D + r_{N,H}$$

$D =$ *gemessene Distanz einschließlich der meteorologische Korrektionen*
$S_R =$ *Schrägstrecke*
$S_0 =$ *Horizontalstrecke (Sehne) zur Bezugsfläche*
$R =$ *Erdradius 6380 km*
$H_1, H_2 =$ *Höhe über dem Ellipsoid*

Näherungsformel für kurze Strecken und kleine Höhenunterschiede

$S_R = D$ und $S = S_0$

Reduktion wegen Neigung

$$r_N \approx -\frac{\Delta H^2}{2D}$$

$\Delta H = H_2 - H_1$

Reduktion wegen Höhe

$$r_H \approx -\left(D - \frac{\Delta H^2}{2D}\right) \cdot \frac{H_m}{R}$$

$H_m = \dfrac{H_1 + H_2}{2}$

Strecke auf der Bezugsfläche

$$S = D + r_H + r_N$$

Genauigkeit

Standardabweichung der Strecke S

Einfluss von ΔH $\quad \boxed{s_S = \dfrac{\Delta H \cdot s_{\Delta H}}{D}}$

Einfluss von H_m $\quad \boxed{s_S = \dfrac{S \cdot s_{H_m}}{R}}$

$s_{\Delta H} =$ *Standardabweichung des Höhenunterschieds*
$s_{H_m} =$ *Standardabweichung der Höhe H_m*

Höhenreduktion (ohne Neigungsreduktion)

für Strecken $< 10\,\text{km}$: $S = S_0$

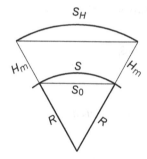

Höhenreduktion $\quad \boxed{r_H = -S_H \cdot \dfrac{H_m}{R + H_m}}$

Näherungsformel $\quad \boxed{r_H \approx -S_H \cdot \dfrac{H_m}{R}}$

Strecke auf der Bezugsfläche $\quad \boxed{S = S_H + r_H}$

$S_H =$ *Horizontalstrecke im Horizont H_m*
$S_0 =$ *Horizontalstrecke (Sehne) zur Bezugsfläche*
$R =$ *Erdradius $6380\,\text{km}$*
$H_m =$ *mittlere Höhe*

6.5.6 Abbildungsreduktionen

Abbildungsreduktion Gauß-Krüger-System

Abbildungsreduktion GK
$$r_{A_{GK}} = \left(Y_1^2 + Y_1 Y_2 + Y_2^2 \right) \frac{S}{6R^2}$$

Näherungsformel
$$r_{A_{GK}} \approx \frac{Y_m^2}{2R^2} \cdot S$$
mit $Y_M = \dfrac{Y_1 + Y_2}{2}$

Strecke im ebenen Abbild
$$s_{GK} = S + r_{A_{GK}}$$

$Y_1, Y_2 =$ *Abstände vom Bezugsmeridian*
$R =$ *Erdradius 6380 km*
$S =$ *Strecke im Bezugshorizont*

Abbildungsreduktion und Höhenreduktion im Gauß-Krüger-System

Näherungsformel
$$\Delta s = S \left(-\frac{H_m}{R} + \frac{Y_m^2}{2R^2} \right)$$
mit $S \approx S_H$

Strecke im ebenen Abbild
$$s_{GK} = S + \Delta s$$

$Y_m =$ *mittlerer Abstand zum Bezugsmeridian*
$H_m =$ *mittlere Höhe*
$R =$ *Erdradius 6380 km*

Streckenreduktion Δs[mm] für 100 m-Strecke im GK-System

H[m]	Y_m[km]						
	0	20	40	60	80	100	120
0	0,0	0,5	2,0	4,4	7,9	12,3	17,7
200	−3,1	−2,6	−1,2	1,3	4,7	9,1	14,6
400	−6,2	−5,8	−4,3	−1,8	1,6	6,0	11,4
600	−9,4	−8,9	−7,4	−5,0	−1,5	2,9	8,3
800	−12,5	−12,0	−10,6	−8,1	−4,7	−0,3	5,1
1000	−15,7	−15,2	−13,7	−11,3	−7,8	−3,4	2,0

Abbildungsreduktion UTM-System

Abbildungsreduktion UTM

$$r_{A_{UTM}} = \left(0,9996 \cdot \left(1 + \frac{Y_m^2}{2R^2} \right) - 1 \right) \cdot S$$

Strecke im ebenen Abbild

$$s_{UTM} = S + r_{A_{UTM}}$$

$Y_m =$ mittlerer Abstand zum Bezugsmeridian
$R =$ Erdradius 6380 km

Abbildungsreduktion und Höhenreduktion im UTM-System

Näherungsformel

$$\Delta s = S \left(\left(-\frac{H_m}{R} + \frac{Y_m^2}{2R^2} \right) - 0,0004 \right) \text{ mit } S \approx S_H$$

Strecke im ebenen Abbild

$$s_{UTM} = S + \Delta s$$

$Y_m =$ mittlerer Abstand zum Bezugsmeridian
$H_m =$ mittlere Höhe
$R =$ Erdradius 6380 km
$S_H =$ Horizontalestrecke im Horizont H_m

Streckenreduktion Δs[mm] für 100 m-Strecke im UTM-System

H[m]	Y_m[km]											
	0	20	40	60	80	100	120	140	160	180	200	220
0	−40,0	−39,5	−38,0	−35,6	−32,1	−27,7	−22,3	−15,9	−8,6	−0,2	9,1	19,5
200	−43,1	−42,6	−41,2	−38,7	−35,3	−30,9	−25,4	−19,1	−11,7	−3,3	6,0	16,3
400	−46,3	−45,8	−44,3	−41,8	−38,4	−34,0	−28,6	−22,2	−14,8	−6,5	2,9	13,2
600	−49,4	−48,9	−47,4	−45,0	−41,5	−37,1	−31,7	−25,3	−18,0	−9,6	−0,3	10,0
800	−52,5	−52,0	−50,6	−48,1	−44,7	−40,3	−34,9	−28,5	−21,1	−12,7	−3,4	6,9
1000	−55,7	−55,2	−53,7	−51,3	−47,8	−43,4	−38,0	−31,6	−24,2	−15,9	−6,5	3,8
1200	−58,8	−58,3	−56,8	−54,4	−50,9	−46,5	−41,1	−34,7	−27,4	−19,0	−9,7	0,6

6.6 Zulässige Abweichungen für Strecken

Zulässige Streckenabweichung Z_{SG} (für Baden-Württemberg)

Z_{SG} bedeutet die größte zulässige Abweichung in Metern zwischen zwei für dieselbe Strecke unmittelbar nacheinander ermittelten Längen.

$$Z_{SG} = 0,0001 \cdot s + 0,03$$

$s = $ Länge der Strecke

Zulässige Streckenabweichung Z_{SV} (für Baden-Württemberg)

Z_{SV} bedeutet die größte zulässige Abweichung in Metern zwischen zwei für dieselbe Strecke zu verschiedenen Zeiten oder mit verschiedenen Messgeräten ermittelten Längen sowie zwischen gemessenen und berechneten Strecken.

$$Z_{SV} = 0,008 \cdot \sqrt{s} + 0,0003 \cdot s + 0,05$$

$s = $ Länge der Strecke

7 Verfahren zur Punktbestimmung

7.1 Indirekte Messungen

7.1.1 Abriss

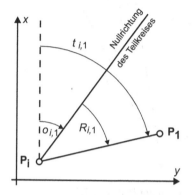 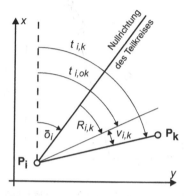

Gegeben: *Koordinaten der Festpunkte* $P_i(y_i, x_i)$, $P_1(y_1, x_1) \dots P_k(y_k, x_k)$

Gemessen: *Richtungen* $R_{i,1} \dots R_{i,k}$

Richtungswinkel

$$\tan t_{1,i} = \frac{y_i - y_1}{x_i - x_1}$$

$$\tan t_{k,i} = \frac{y_i - y_k}{x_i - x_k}$$

Orientierungsunbekannte

$$\boxed{\overline{o_i} = \frac{[o_{i,k}]}{n} = \frac{[t_{i,k} - R_{i,k}]}{n}} \text{ für } k = 1 \dots n$$

$n = $ *Anzahl der Richtungen zu bekannten Festpunkten*

orientierter Richtungswinkel $\boxed{t_{i,ok} = R_{i,k} + \overline{o_i}}$

Verbesserung $\boxed{v_{i,k} = t_{i,k} - t_{i,ok}}$ $[v_{i,k}] = 0$

Genauigkeit

Standardabweichung der Orientierungsunbekannten

$$\boxed{s_{\overline{o_i}} = \sqrt{\frac{[v_{i,k} v_{i,k}]}{n(n-1)}}} \quad n = \text{Anzahl der Richtungen zu bekannten Festpunkten}$$

Standardabweichung des orientierten Richtungswinkels

$$\boxed{s_t = \sqrt{s_{\overline{o_i}}^2 + s_R^2}} \quad s_R = \text{Standardabweichung der Richtung}$$

© Springer Fachmedien Wiesbaden GmbH, ein Teil von Springer Nature 2022
F. J. Gruber und R. Joeckel, *Formelsammlung für das Vermessungswesen*,
https://doi.org/10.1007/978-3-658-37873-8_7

7.1.2 Exzentrische Richtungsmessung

Standpunktzentrierung | **Zielpunktzentrierung**

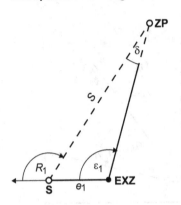 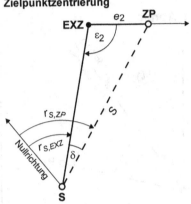

Gegeben: *Koordinaten oder Näherungskoordinaten der Punkte S, ZP*

$$S = \sqrt{(Y_S - Y_{ZP})^2 + (X_S - X_{ZP})^2}$$

Gemessen: | Gemessen:
Richtungen $r_{EXZ,S}$, $r_{EXZ,ZP}$ | *Richtungen: Standpunkt S* $r_{S,EXZ}$
 | *Standpunkt EXZ* $r_{EXZ,S}$, $r_{EXZ,ZP}$

Strecke e_1 | *Strecke* e_2

$\epsilon_1 = r_{EXZ,ZP} - r_{EXZ,S}$ | $\epsilon_2 = r_{EXZ,S} - r_{EXZ,ZP}$

$$\boxed{\delta = \arcsin\left(\frac{e_1 \cdot \sin\epsilon_1}{S}\right)}$$ | $$\boxed{\delta = \arcsin\left(\frac{e_2 \cdot \sin\epsilon_2}{S}\right)}$$

$$\boxed{R_1 = \epsilon_1 + \delta}$$ | $$\boxed{r_{S,ZP} = r_{S,EXZ} + \delta}$$

Genauigkeit

Standpunkt-/Zielpunktzentrierung
Standardabweichung des Winkels δ

Einfluss von S $$\boxed{s_\delta\,[\text{rad}] = \frac{e}{S^2} \cdot \sin\epsilon \cdot s_S}$$

Einfluss von e $$\boxed{s_\delta\,[\text{rad}] = \frac{\sin\epsilon}{S} \cdot s_e}$$ max. Auswirkung: $\epsilon = 100(300)\,\text{gon}$

Einfluss von ϵ $$\boxed{s_\delta\,[\text{rad}] = \frac{e}{S} \cdot \cos\epsilon \cdot s_\epsilon\,[\text{rad}]}$$ max. Auswirkung: $\epsilon = 0(200)\,\text{gon}$

e auf mm messen
s_S = *Standardabweichung der Strecke S*
s_e = *Standardabweichung der Strecke e*
s_ϵ = *Standardabweichung des Winkels* ϵ

Indirekte Bestimmung der Zentrierungselemente

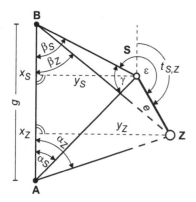

Gemessen: *Winkel* $\alpha_S, \alpha_Z, \beta_S, \beta_Z$
　　　　　Richtung $r_{S,A}, r_{S,B}$
　　　　　Basis g

$\gamma = r_{S,B} - r_{S,A}$

Winkelsumme: $\alpha_S + \beta_S + \gamma = 200\,\text{gon}$

Winkel auf Winkelsumme abgleichen

Berechnung der örtlichen Koordinaten von $S(y_S, x_S)$ und $Z(y_Z, x_Z)$

Koordinaten Punkt S $\quad\boxed{y_S = \dfrac{g}{\cot\alpha_S + \cot\beta_S}}\quad\boxed{x_S = y_S \cdot \cot\alpha_S}$

Koordinaten Punkt Z $\quad\boxed{y_Z = \dfrac{g}{\cot\alpha_Z + \cot\beta_Z}}\quad\boxed{x_Z = y_Z \cdot \cot\alpha_Z}$

Berechnung von e, $t_{S,Z}$ aus örtlichen Koordinaten

$$\boxed{e = \sqrt{(y_Z - y_S)^2 + (x_Z - x_S)^2}}\qquad\boxed{t_{S,Z} = \left(\dfrac{y_Z - y_S}{x_Z - x_S}\right)}$$

$$\boxed{\epsilon = \beta_S + t_{S,Z}}\qquad\qquad\boxed{r_{S,Z} = r_{S,B} + \epsilon = r_{S,A} + \gamma + \epsilon}$$

Anschluss an Hochpunkt H (Herablegung)

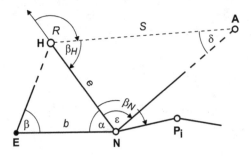

Gegeben: *Koordinaten der Anschlusspunkte* $H(y_H, x_H)$, $A(y_A, x_A)$

Gemessen: *Richtungen*:   *Standpunkt N* $r_{N,E}$, $r_{N,H}$, $r_{N,A}$, $r_{n,i}$

                                               Standpunkt E $r_{E,H}$, $r_{E,N}$

                     Horizontalstrecke b

Strecke $S = \sqrt{(Y_A - Y_H)^2 + (X_A - X_H)^2}$

Richtungswinkel $t_{H,A} = \arctan \dfrac{y_A - y_H}{x_A - x_H}$

$$\alpha = r_{N,H} - r_{N,E}$$

$$\beta = r_{E,N} - r_{E,H}$$

$$\epsilon = r_{N,A} - r_{N,H}$$

$$\boxed{e = b \cdot \frac{\sin \beta}{\sin(\alpha + \beta)}} \qquad \boxed{\delta = \arcsin\left(\frac{e \cdot \sin \epsilon}{S}\right)} \qquad \boxed{R = \epsilon + \delta}$$

Polygonzuganschluss: Polygonzugabschluss:

$\beta_H = 200\,\text{gon} - R$ $\beta_H = 200\,\text{gon} + R$

$\beta_N = r_{N,i} - r_{N,H}$ $\beta_N = r_{N,H} - r_{N,i}$

$\boxed{t_{H,N} = t_{H,A} + \beta_H}$

Koordinaten des Punktes N $\boxed{y_N = y_H + e \cdot \sin t_{H,N}}$ $\boxed{x_N = x_H + e \cdot \cos t_{H,N}}$

Zwei Lösungsprinzipien:

1. Bestimmung der Koordinaten von Punkt N und Anschluss an Punkt N
2. Bestimmung der Polygonzugelemente e, β_N, β_H und Anschluss an Punkt H

Punktbestimmung des Hochpunktes N mittels Herauflegung

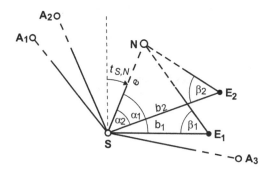

Gegeben: Koordinaten des Standpunktes $S(y_S, x_S)$
　　　　Koordinaten der Anschlusspunkte $A_1(y_{A_1}, x_{A_1})$, $A_2(y_{A_2}, x_{A_2})$, $A_3(y_{A_3}, x_{A_3})$

Gemessen: Richtungen:
　　　　Standpunkt S: r_{S,A_1}, r_{S,A_2}, r_{S,A_3}, $r_{S,N}$, r_{S,E_1}, r_{S,E_2}
　　　　Standpunkt E_1 : $r_{E_1,S}$, $r_{E_1,N}$
　　　　Standpunkt E_2 : $r_{E_2,S}$, $r_{E_2,N}$
　　　　Horizontalstrecken b_1, b_2

Berechnung des Richtungswinkel $t_{S,N}$ mittels Abriss (siehe Abschnitt 7.1.1)

$$\alpha_1 = r_{S,E_1} - r_{S,N} \qquad\qquad \alpha_2 = r_{S,E_2} - r_{S,N}$$

$$\beta_1 = r_{E_1,N} - r_{E_1,S} \qquad\qquad \beta_2 = r_{E_2,N} - r_{E_2,S}$$

$$\boxed{e_1 = b \cdot \frac{\sin \beta_1}{\sin(\alpha_1 + \beta_1)}} \qquad \boxed{e_2 = b \cdot \frac{\sin \beta_2}{\sin(\alpha_2 + \beta_2)}} \qquad \boxed{e = \frac{e_1 + e_2}{2}}$$

Koordinaten des Punktes N　$\boxed{y_N = y_S + e \cdot \sin t_{S,N}}$　$\boxed{x_N = x_S + e \cdot \cos t_{S,N}}$

Hinweise zur Punktbestimmung

Zur Bestimmung von Punkt N sollte ein Festpunkt S benutzt werden, dessen Entfernung etwa den 1,5 bis 4-fachen Wert des Höhenunterschieds ΔH_{SN} beträgt.

Die Hilfsdreiecke SNE_1 bzw. SNE_2 sind möglichst als gleichschenklige Dreiecke so zu realisieren, dass b_1 bzw. $b_2 = 0,6$ bis $1,0$ von e betragen.

Die durchgreifende und damit doppelte Bestimmung von e aus 2 Hilfsdreiecken ist Pflicht, wobei die beiden Hilfspunkte E_1 und E_2 unmittelbar nebeneinander liegen können.

Zur Berechnung des orientierten Richtungswinkels $t_{S,N}$ per Abriss sind mindestens 2, möglichst aber 3 und von Punkt S weit entfernte Festpunkte zu verwenden.

Die Genauigkeit der Punktbestimmung von Punkt N ist vorrangig von der Genauigkeit der Festpunkte sowie der Bestimmungsfigur abhängig.

7.1.3 Exzentrische Streckenmessung

Ein Punkt exzentrisch

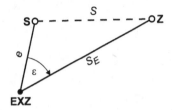

Gemessen: *Winkel* ϵ
Strecken e, S_E

$$S = \sqrt{S_E^2 + e^2 - 2 \cdot S_E \cdot e \cdot \cos \epsilon}$$

Genauigkeit

Standardabweichung der Strecke S

Einfluss von S_E
$$s_S = \left(\frac{S_E}{S} - \frac{e}{S} \cdot \cos \epsilon \right) \cdot s_{S_E}$$

Einfluss von e
$$s_S = \left(\frac{e}{S} - \frac{S_E}{S} \cdot \cos \epsilon \right) \cdot s_e$$

Einfluss von ϵ
$$s_S = e \cdot \sin \epsilon \cdot s_\epsilon \, [\text{rad}]$$

$s_{S_E} = $ *Standardabweichung der Strecke* S_E
$s_e = $ *Standardabweichung der Strecke* e
$s_\epsilon = $ *Standardabweichung des Winkels* ϵ

Zwei Punkte exzentrisch

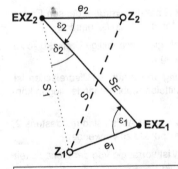

Gemessen: *Winkel* ϵ_1, ϵ_2
Strecken e_1, e_2, S_E

$$S_1 = \sqrt{S_E^2 + e_1^2 - 2 \cdot S_E \cdot e_1 \cdot \cos \epsilon_1}$$

$$\delta_2 = \arcsin \left(\frac{e_1 \cdot \sin \epsilon_1}{S_1} \right)$$

$$S = \sqrt{S_1^2 + e_2^2 - 2 \cdot S_1 \cdot e_2 \cdot \cos (\epsilon_2 + \delta_2)}$$

7.1.4 Gebrochener Strahl

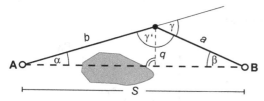

Gemessen: *Strecken a, b*
　　　　　Winkel γ'

$\gamma = 200\,\text{gon} - \gamma'$

$$\alpha = \arctan\left(\frac{\sin\gamma}{\dfrac{b}{a} + \cos\gamma}\right)$$

$$\beta = \arctan\left(\frac{\sin\gamma}{\dfrac{a}{b} + \cos\gamma}\right)$$

Probe: $\gamma = \alpha + \beta$

$$q = \frac{a \cdot b \cdot \sin\gamma}{S}$$

$$S = \sqrt{a^2 + b^2 + 2 \cdot ab \cdot \cos\gamma}$$

Genauigkeit

Standardabweichung der Winkel α, β

$$s_\alpha\,[\text{rad}] = \frac{1}{S} \cdot \sqrt{\frac{q^2}{a^2} \cdot s_a^2 + \frac{q^2}{b^2} \cdot s_b^2 + (a^2 - q^2) \cdot s_\gamma^2}\,[\text{rad}]$$

γ klein: $s_\alpha \approx \dfrac{a}{S} \cdot s_\gamma$

$s_\gamma = $ *Standardabweichung des Winkels γ*

s_β wie s_α berechnen, jedoch muss a mit b vertauscht werden

Standardabweichung der Strecke S

$$s_S = \sqrt{\frac{a^2 - q^2}{a^2} \cdot s_a^2 + \frac{b^2 - q^2}{b^2} \cdot s_b^2 + q^2 \cdot s_\gamma^2}\,[\text{rad}]$$

γ klein: $s_S \approx \sqrt{s_a^2 + s_b^2}$

$s_a, s_b = $ *Standardabweichung der Strecken a und b*

7.2 Einzelpunktbestimmung

7.2.1 Polare Punktbestimmung

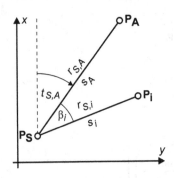 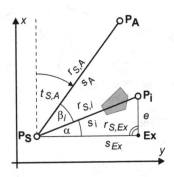

Gegeben: *Koordinaten des Standpunktes* $P_S(y_S, x_S)$
            Koordinaten des Anschlusspunktes $P_A(y_A, x_A)$
Gemessen: *Horizontalrichtungen* $r_{S,A}$, $r_{S,i}$ *bzw.* $r_{S,A}$, $r_{S,Ex}$
            Horizontalstrecken s_A, s_i *bzw.* s_A, s_{Ex}, e

Anschlussrichtungswinkel $t_{S,A} = \arctan \dfrac{y_A - y_S}{x_A - x_S}$

$$\alpha = \arctan \frac{e}{s_{EX}}$$

$$s_i = \sqrt{e^2 + s_{EX}^2}$$

Horizontalwinkel $\boxed{\beta_i = r_{S,i} - r_{S,A}}$ $\boxed{\beta_i = r_{S,Ex} - r_{S,A} - \alpha}$

Richtungswinkel $\boxed{t_{S,i} = t_{S,A} + \beta_i}$ $\boxed{t_{S,i} = t_{S,A} + \beta_i}$

Maßstab s_A gemessen: $m = \dfrac{\bar{s}_A}{s_A}$ Strecke $\bar{s}_A$ aus Koordinaten berechnen
   s_A nicht gemessen: $m = 1$

Koordinaten des Neupunkts P_i $\boxed{y_i = y_S + s_i \cdot m \cdot \sin t_{S,i}}$ $\boxed{x_i = x_S + s_i \cdot m \cdot \cos t_{S,i}}$

Genauigkeit

Standardabweichung der Koordinaten und Standardabweichung eines Punktes P_i
(siehe Abschnitt 4.1.2 Polarpunktberechnung)

7.2.2 Dreidimensionale polare Punktbestimmung

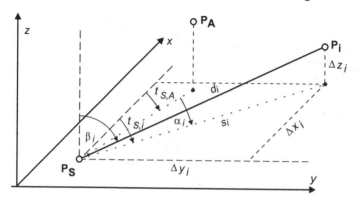

Gegeben: *Koordinaten der Punkte* $P_S(y_S, x_S)$, $P_A(y_A, x_A)$
Gemessen: *Schrägstrecke* d_i
         Horizontalwinkel α_i
         Zenitwinkel β_i

Anschlussrichtungswinkel $t_{S,A} = \arctan \dfrac{y_A - y_S}{x_A - x_S}$

Richtungswinkel $\boxed{t_{S,i} = t_{S,A} + \alpha_i}$

Kartesische Koordinaten des Neupunkts aus Polarkoordinaten

$\boxed{\Delta y_i = d_i \cdot \sin\beta_i \cdot \sin t_{S,i}}$ $\boxed{y_i = y_S + \Delta y_i}$

$\boxed{\Delta x_i = d_i \cdot \sin\beta_i \cdot \cos t_{S,i}}$ $\boxed{x_i = x_S + \Delta x_i}$

$\boxed{\Delta z_i = d_i \cdot \cos\beta_i}$ $\boxed{z_i = z_S + \Delta z_i}$

Polarkoordinaten aus kartesischen Koordinaten des Neupunktes

Richtungswinkel $\boxed{t_{S,i} = \arctan \dfrac{y_i - y_S}{x_i - x_S}}$

Horizontalwinkel $\boxed{\alpha_i = t_{S,i} - t_{S,A}}$

Schrägstrecke $\boxed{d_i = \sqrt{\Delta y_i^2 + \Delta x_i^2 + \Delta z_i^2}}$ Horizontalstrecke $\boxed{s_i = \sqrt{\Delta y_i^2 + \Delta x_i^2}}$

$\Delta y_i = y_i - y_S$ $\Delta x_i = x_i - x_S$ $\Delta z_i = z_i - x_S$

Zenitwinkel $\boxed{\beta_i = \arccos \dfrac{\Delta z_i}{d_i}}$ oder $\boxed{\beta_i = \text{arccot} \dfrac{\Delta z_i}{s_i}}$

7.2.3 Polare Punktbestimmung mit Kanalstab

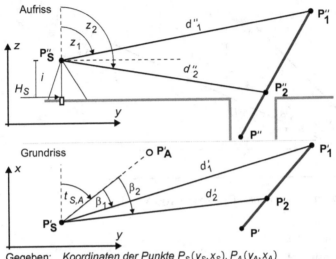

Gegeben: Koordinaten der Punkte $P_S(y_S, x_S)$, $P_A(y_A, x_A)$
Höhe H_S
Instrumentenhöhe i

Gemessen: Schrägstrecken d_1, d_2
Horizontalwinkel β_1, β_2
Zenitwinkel z_1, z_2

Strecken am Kanalstab $\overline{P_1 P}$ und $\overline{P_2 P}$ sowie $\overline{P_1 P_2}$ sind bekannt

Anschlussrichtungswinkel $t_{S,A} = \arctan \dfrac{y_A - y_S}{x_A - x_S}$

Richtungswinkel $\boxed{t_{S,1} = t_{S,A} + \beta_1}$ $\boxed{t_{S,2} = t_{S,A} + \beta_2}$

Koordinaten und Höhe von Punkt P_1 und P_2

$$\boxed{y_1 = y_S + d_1 \cdot \sin z_1 \cdot \sin t_{S,1}} \quad \boxed{x_1 = x_S + d_1 \cdot \sin z_1 \cdot \cos t_{S,1}} \quad \boxed{H_1 = H_S + d_1 \cdot \cos z_1 + i}$$

$$\boxed{y_2 = y_S + d_2 \cdot \sin z_2 \cdot \sin t_{S,2}} \quad \boxed{x_2 = x_S + d_2 \cdot \sin z_2 \cdot \cos t_{S,2}} \quad \boxed{H_2 = H_S + d_2 \cdot \cos z_2 + i}$$

Probe: $\sqrt{(y_2 - y_1)^2 + (x_2 - x_1)^2 + (H_2 - H_1)^2} = \overline{P_1 P} - \overline{P_2 P} = \overline{P_1 P_2}$

Koordinaten und Höhe von Punkt P

$$\boxed{y_P = y_1 + (y_2 - y_1) \cdot \dfrac{\overline{P_1 P}}{\overline{P_1 P_2}}} \quad \boxed{x_P = x_1 + (x_2 - x_1) \cdot \dfrac{\overline{P_1 P}}{\overline{P_1 P_2}}} \quad \boxed{H_P = H_1 + (H_2 - H_1) \cdot \dfrac{\overline{P_1 P}}{\overline{P_1 P_2}}}$$

7.2.4 Gebäudeaufnahme mit reflektorloser Entfernungsmessung

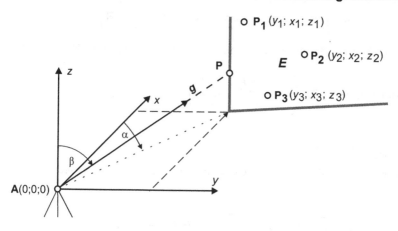

Räumliche reflektorlose Polaraufnahme von drei Wandpunkten P_1, P_2, P_3 von $A(0; 0; 0)$ aus, damit Wandebene E festgelegt.

In der Praxis wird die Ebene mit mehr als drei aufgenommenen Punkten überbestimmt ermittelt.

Anzielung des Gebäudeeckpunktes P von $A(0; 0; 0)$ aus mit Horizontalrichtung α und Zenitwinkel β, damit Gerade g festgelegt.

Bestimmung des Gebäudeeckpunktes P als Schnitt der Geraden g mit der Ebene E (Durchstoßpunkt).

Ebene E in vektorieller Darstellung

mit einem Ebenenpunkt P_1 und Normalenvektor **n**:

$$\boxed{(\mathbf{r}-\mathbf{r}_1)\cdot \mathbf{n} = 0} \text{ oder } \boxed{\mathbf{r}\cdot \mathbf{n} = \mathbf{r}_1\cdot \mathbf{n}} \text{ (I)}$$

mit Stützvektor $\qquad \mathbf{r}_1 = \begin{pmatrix} y_1 \\ x_1 \\ z_1 \end{pmatrix}$

und Normalenvektor $\mathbf{n} = \begin{pmatrix} (x_3-x_1) & (z_2-z_1) & -(z_3-z_1) & (x_2-x_1) \\ (z_3-z_1) & (y_2-y_1) & -(y_3-y_1) & (z_2-z_1) \\ (y_3-y_1) & (x_2-x_1) & -(x_3-x_1) & (y_2-y_1) \end{pmatrix} = \begin{pmatrix} a_E \\ b_E \\ c_E \end{pmatrix}$

Gerade g in vektorieller Darstellung

mit einem Geradenpunkt A und Richtungsvektor $\mathbf{R}$: $\boxed{\mathbf{r} = \mathbf{r}_A + t \cdot \mathbf{R}}$

Da A der Koordinatenursprung ist, gilt hier $\mathbf{r}_A = 0$ und damit $\boxed{\mathbf{r} = t \cdot \mathbf{R}}$ (II)

mit Richtungsvektor $\mathbf{R} = \begin{pmatrix} \sin\alpha \cdot \sin\beta \\ \cos\alpha \cdot \sin\beta \\ \cos\beta \end{pmatrix} = \begin{pmatrix} a_G \\ b_G \\ c_G \end{pmatrix}$

Parameter t

Gemeinsamer Punkt P von Gerade g und Ebene E, dazu (II) in (I) eingesetzt:

$t \cdot \mathbf{R} \cdot \mathbf{n} = \mathbf{r}_1 \cdot \mathbf{n}$

damit Parameter $\boxed{t = \dfrac{\mathbf{r}_1 \cdot \mathbf{n}}{\mathbf{R} \cdot \mathbf{n}}}$ oder $\boxed{t = \dfrac{y_1 \cdot a_E + x_1 \cdot b_E + z_1 \cdot c_E}{a_G \cdot a_E + b_G \cdot b_E + c_G \cdot c_E}}$

Skalares Produkt $\mathbf{r}_1 \cdot \mathbf{n}$ in Matrizenschreibweise

$\begin{pmatrix} y_1 \\ x_1 \\ z_1 \end{pmatrix}^T \cdot \begin{pmatrix} a_E \\ b_E \\ c_E \end{pmatrix} = y_1 \cdot a_E + x_1 \cdot b_E + z_1 \cdot c_E$

Skalares Produkt $\mathbf{R} \cdot \mathbf{n}$ in Matrizenschreibweise

$\begin{pmatrix} a_G \\ b_G \\ c_G \end{pmatrix}^T \cdot \begin{pmatrix} a_E \\ b_E \\ c_E \end{pmatrix} = a_G \cdot a_E + b_G \cdot b_E + c_G \cdot c_E$

Koordinaten für Punkt P mit $\mathbf{r} = t \cdot \mathbf{R}$

$\boxed{\begin{pmatrix} y_P \\ x_P \\ z_P \end{pmatrix} = t \cdot \begin{pmatrix} a_G \\ b_G \\ c_G \end{pmatrix}}$ oder $\boxed{\begin{aligned} y_P &= t \cdot \sin\alpha \cdot \sin\beta \\ x_P &= t \cdot \cos\alpha \cdot \sin\beta \\ z_P &= t \cdot \cos\beta \end{aligned}}$

7.2.5 Bogenschnitt

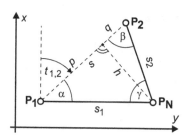

Bedingung:
$s_1 + s_2 = s$: eine Lösung (schlechter Schnitt)
$s_1 + s_2 < s$: keine Lösung
$s_1 + s_2 > s$: zwei Lösungen

P_N rechts von $\overline{P_1 P_2}$: $+\alpha$
P_N links von $\overline{P_1 P_2}$: $-\alpha$

Gegeben: *Koordinaten der Punkte $P_1(y_1, x_1)$ und $P_2(y_2, x_2)$*
Gemessen: *Strecken s_1, s_2, (s_{gem} = gemessene Strecke $\overline{P_1 P_2}$)*

Richtungswinkel $t_{1,2} = \arctan \dfrac{y_2 - y_1}{x_2 - x_1}$

Strecke $\overline{P_1 P_2}$ $s = \sqrt{(y_2 - y_1)^2 + (x_2 - x_1)^2}$

1. Berechnung ohne Maßstabsfaktor

$$\alpha = \arccos \frac{s_1^2 + s^2 - s_2^2}{2s \cdot s_1}$$

Probe: $\beta = \arccos \dfrac{s_2^2 + s^2 - s_1^2}{2s \cdot s_2}$

$$t_{1,N} = t_{1,2} \pm \alpha$$

Probe: $t_{2,N} = t_{1,2} \pm 200\,\text{gon} \pm \beta$

Koordinaten des Punktes P_N $\boxed{y_N = y_1 + s_1 \cdot \sin t_{1,N}}$ $\boxed{x_N = x_1 + s_1 \cdot \cos t_{1,N}}$
Probe:
$y_N = y_2 + s_2 \cdot \sin t_{2,N}$ $x_N = x_2 + s_2 \cdot \cos t_{2,N}$

2. Berechnung mit Maßstabsfaktor m

Maßstabsfaktor $$m = \frac{s}{s_{gem}}$$

$$\alpha = \arccos \frac{s_1^2 + s_{gem}^2 - s_2^2}{2s \cdot s_1}$$

Probe: $\beta = \arccos \dfrac{s_2^2 + s_{gem}^2 - s_1^2}{2s \cdot s_2}$

$$t_{1,N} = t_{1,2} \pm \alpha$$

Probe: $t_{2,N} = t_{1,2} \pm 200\,\text{gon} \pm \beta$

Koordinaten des Punktes P_N $\boxed{y_N = y_1 + m \cdot s_1 \cdot \sin t_{1,N}}$ $\boxed{x_N = x_1 + m \cdot s_1 \cdot \cos t_{1,N}}$
Probe:
$y_N = y_2 + s_2 \cdot \sin t_{2,N}$ $x_N = x_2 + s_2 \cdot \cos t_{2,N}$

Genauigkeit

Standardabweichung des Punktes P_N (stark abhängig vom Schnittwinkel γ)

$$s_P = \frac{1}{\sin \gamma} \cdot \sqrt{2} \cdot s_s$$ günstig $\gamma \approx 100\,\text{gon}$ $\gamma = 200\,\text{gon} - (\alpha + \beta)$

s_s = *Standardabweichung der Strecken*

7.2.6 Vorwärtseinschnitt

Vorwärtseinschnitt über Richtungswinkel (allgemeiner Fall)

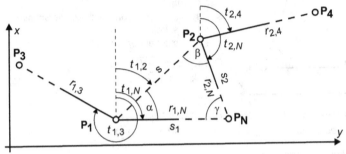

Gegeben: *Koordinaten der Punkte $P_1(y_1,x_1)$, $P_2(y_2,x_2)$, $P_3(y_1,x_3)$ und $P_4(y_4,x_4)$*

Gemessen: *Richtungen $r_{1,N}$, $r_{1,3}$*
$r_{2,N}$, $r_{2,4}$

Richtungswinkel $\qquad t_{1,2} = \arctan \dfrac{y_2 - y_1}{x_2 - x_1}$

$$t_{1,3} = \arctan \dfrac{y_3 - y_1}{x_3 - x_1}$$

$$t_{2,4} = \arctan \dfrac{y_4 - y_2}{x_4 - x_2}$$

Strecke $\qquad s = \sqrt{(y_2 - y_1)^2 + (x_2 - x_1)^2}$

$$\boxed{t_{1,N} = t_{1,3} + (r_{1,N} - r_{1,3})}\ \ \alpha = t_{1,N} - t_{1,2}$$

$$\boxed{t_{2,N} = t_{2,4} + (r_{2,N} - r_{2,4})}\ \ \beta = t_{2,1} - t_{2,N}$$

Die Richtungswinkel $t_{1,N}$ und $t_{2,N}$ können auch aus Abrissen bestimmt werden (siehe Abschnitt 7.1.1)

Koordinaten des Punktes P_N $\boxed{x_N = x_1 + \dfrac{(y_2 - y_1) - (x_2 - x_1) \cdot \tan t_{2,N}}{\tan t_{1,N} - \tan t_{2,N}}}$

$$\boxed{y_N = y_1 + (x_N - x_1) \cdot \tan t_{1,N}}$$

Probe:

$$x_N = x_2 + \dfrac{(y_2 - y_1) - (x_2 - x_1) \cdot \tan t_{1,N}}{\tan t_{1,N} - \tan t_{2,N}}$$

$$y_N = y_2 + (x_N - x_2) \cdot \tan t_{2,N}$$

Genauigkeit

Standardabweichung des Punktes P_N (stark abhängig vom Schnittwinkel γ)

$$\boxed{s_P = \dfrac{1}{\sin \gamma} \cdot \sqrt{s_1^2 + s_2^2} \cdot s_t [\text{rad}]}\ \ \text{günstig } \gamma \approx 100 \text{ gon (bei symmetrischer Anordnung)}$$

$s_t = $ *Standardabweichung der Winkel α, β*

Vorwärtseinschnitt über Dreieckswinkel

(bei Sichtverbindung zwischen P_1 und P_2)

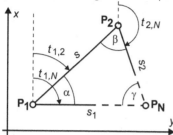

Gegeben: *Koordinaten der Punkte $P_1(y_1, x_1)$ und $P_2(y_2, x_2)$*
Gemessen: *Richtungen $r_{1,N}$, $r_{1,2}$*
             $r_{2,N}$, $r_{2,1}$

Richtungswinkel $t_{1,2} = \arctan \dfrac{y_2 - y_1}{x_2 - x_1}$

Strecke $\quad s = \sqrt{(y_2 - y_1)^2 + (x_2 - x_1)^2}$

Dreieckswinkel aus Differenzen der gemessenen Richtungen r ermitteln

$\boxed{\alpha = r_{1,N} - r_{1,2}}$ $\qquad \boxed{\beta = r_{2,1} - r_{2,N}}$

$\boxed{t_{1,N} = t_{1,2} + \alpha}$ $\qquad \boxed{t_{2,N} = t_{1,2} \pm 200 \,\text{gon} - \beta}$

$\boxed{s_1 = \dfrac{s}{\sin(\alpha + \beta)} \cdot \sin \beta}$ $\qquad \boxed{s_2 = \dfrac{s}{\sin(\alpha + \beta)} \cdot \sin \alpha}$

Koordinaten des Punktes P_N $\quad \boxed{y_N = y_1 + s_1 \cdot \sin t_{1,N}} \,\, \boxed{x_N = x_1 + s_1 \cdot \cos t_{1,N}}$

Probe:
$y_N = y_2 + s_2 \cdot \sin t_{2,N} \quad x_N = x_2 + s_2 \cdot \cos t_{2,N}$

Seitwärtseinschnitt

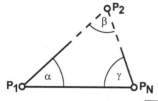

Gemessen: α und γ $\qquad \boxed{\beta = 200 \,\text{gon} - (\alpha + \gamma)}$

Weitere Berechnung siehe Vorwärtseinschnitt über Dreieckswinkel

7.2.7 Rückwärtseinschnitt nach Cassini

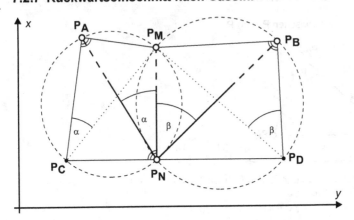

Gegeben:　*Koordinaten der Punkte* $P_A(y_A, y_A)$, $P_M(y_M, x_M)$, $P_B(y_B, x_B)$
Gemessen: *Winkel* α, β

Koordinaten P_C $\boxed{y_C = y_A + (x_M - x_A) \cdot \cot\alpha}$ $\boxed{x_C = x_A - (y_M - y_A) \cdot \cot\alpha}$

Koordinaten P_D $\boxed{y_D = y_B + (x_B - x_M) \cdot \cot\beta}$ $\boxed{x_D = x_B - (y_B - y_M) \cdot \cot\beta}$

Berechnung des Richtungswinkels $t_{C,D} = \arctan \dfrac{y_D - y_C}{x_D - x_C}$

Koordinaten des Punktes P_N $\boxed{x_N = x_C + \dfrac{y_M - y_C + (x_M - x_C) \cdot \cot t_{C,D}}{\tan t_{C,D} + \cot t_{C,D}}}$

$\boxed{y_N = y_C + (x_N - x_C) \cdot \tan t_{C,D}}$ $\tan t_{C,D} < \cot t_{C,D}$

$\boxed{y_N = y_M - (x_N - x_M) \cdot \cot t_{C,D}}$ $\cot t_{C,D} < \tan t_{C,D}$

Probe:
$\alpha = t_{N,M} - t_{N,A}$
$\beta = t_{N,B} - t_{N,M}$

Die Lösung ist unbestimmt, wenn alle vier Punkte auf einem Kreis, dem sogenannten **gefährlichen Kreis** liegen: Die beiden Kreise fallen ineinander - es gibt keinen Schnittpunkt der Kreise
$P_C = P_D = P_N$

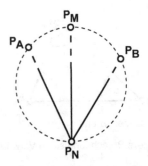

7.3 Freie Standpunktwahl

7.3.1 Freie Standpunktwahl mittels Helmert-Transformation

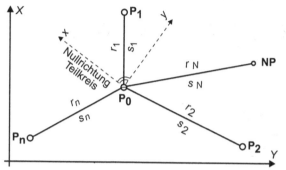

Gegeben: *Koordinaten der Anschlusspunkte $P_1(Y_1,X_1)$, $P_2(Y_2,X_2)\ldots, P_n(Y_n,X_n)$*
Gemessen: *Polarkoordinaten der Anschlusspunkte Richtungen $r_1, r_2, \ldots r_n$*
            Horizontalstrecken $s_1, s_2, \ldots s_n$
Polarkoordinaten für die Neupunkte r_N, s_N

Umrechnung der gemessenen
Polarkoordinaten (r_i, s_i) in ein örtliches
rechtwinkliges Koordinatensystem (y,x) mit $\boxed{y_i = s_i \cdot \sin r_i}$ $\boxed{x_i = s_i \cdot \cos r_i}$
Koordinatenursprung im Standpunkt P_0

Berechnung der Koordinaten des Standpunktes

Transformation der Koordinaten des örtlichen yx-Systems in die Koordinaten eines übergeordneten YX-Systems mittels einer Helmert-Transformation (siehe Abschnitt 8.1.3).

Schwerpunktskoordinaten yx-System $y_s = \dfrac{[y_i]}{n}$ $x_s = \dfrac{[x_i]}{n}$

Schwerpunktskoordinaten YX-System $Y_s = \dfrac{[Y_i]}{n}$ $X_s = \dfrac{[X_i]}{n}$

$n = $ *Anzahl der identischen Punkte*

Reduktion auf den Schwerpunkt yx-System $\overline{y}_i = y_i - \dfrac{[y_i]}{n}$ $\overline{x}_i = x_i - \dfrac{[x_i]}{n}$

Reduktion auf den Schwerpunkt YX-System $\overline{Y}_i = Y_i - \dfrac{[Y_i]}{n}$ $\overline{X}_i = X_i - \dfrac{[X_i]}{n}$

$n = $ *Anzahl der identischen Punkte*

Transformationsparameter $\boxed{o = \dfrac{\left[\overline{x}_i \cdot \overline{Y}_i - \overline{y}_i \cdot \overline{X}_i\right]}{\left[\overline{x}_i^2 + \overline{y}_i^2\right]}}$ $\boxed{a = \dfrac{\left[\overline{x}_i \cdot \overline{X}_i + \overline{y}_i \cdot \overline{Y}_i\right]}{\left[\overline{x}_i^2 + \overline{y}_i^2\right]}}$

Koordinaten des Standpunktes $\boxed{Y_0 = Y_S - a \cdot y_S - o \cdot x_S}$ $\boxed{X_0 = X_S - a \cdot x_S + o \cdot y_S}$

Maßstabsfaktor $\boxed{m = \sqrt{a^2 + o^2}}$

Bei der Berechnung der Transformation mit vorgegebenen Maßstabsfaktor $\underline{m = 1}$

werden die Transformationsparameter o durch $\dfrac{o}{\sqrt{a^2 + o^2}}$ und a durch $\dfrac{a}{\sqrt{a^2 + o^2}}$ ersetzt.

Abweichungen $\boxed{W_{Y_i} = -Y_0 - a \cdot y_i - o \cdot x_i + Y_i}$ $\boxed{W_{X_i} = -X_0 - a \cdot x_i + o \cdot y_i + X_i}$

Probe:
$$[W_{Y_i}] = 0 \qquad\qquad [W_{X_i}] = 0$$

Genauigkeit

Standardabweichung der Koordinaten

$$\boxed{s_x = s_y = \sqrt{\frac{[W_{X_i} W_{X_i}] + [W_{Y_i} W_{Y_i}]}{2n - 4}}}$$

Probe:
$$[W_{X_i} W_{X_i}] + [W_{Y_i} W_{Y_i}] = \left[\overline{X}_i^2 + \overline{Y}_i^2\right] - (a^2 + o^2) \cdot \left[\overline{x}_i^2 + \overline{y}_i^2\right]$$

Berechnung der Koordinaten der Neupunkte

Umrechnung der gemessenen
Polarkoordinaten in das yx-System $\boxed{y_N = s_N \cdot \sin r_N}$ $\boxed{x_N = s_N \cdot \cos r_N}$

Koordinaten der Neupunkte $\boxed{Y_N = Y_0 + a \cdot y_N + o \cdot x_N}$ $\boxed{X_N = X_0 + a \cdot x_N - o \cdot y_N}$

Verbesserung der Koordinaten - *Nachbarschaftstreue Einpassung*
Koordinatenverbesserungen für jeden Neupunkt, in denen die Fehlervektoren aller Anschlusspunkte entsprechend ihrer Punktlage Berücksichtigung finden

$\boxed{Y_N = Y_N + v_y}$ mit $v_y = \dfrac{[p_i \cdot v_{Y_i}]}{[p_i]}$ $p_i = \dfrac{1}{s_i}$

$\boxed{X_N = X_N + v_x}$ mit $v_x = \dfrac{[p_i \cdot v_{X_i}]}{[p_i]}$ $s_i = \sqrt{(Y_N - Y_i)^2 + (X_N - X_i)^2}$

Absteckwerte für im Koordinatensystem YX vorgegebene Punkte

Transformationsparameter $\boxed{a^T = \dfrac{a}{a^2 + o^2}}$ $\boxed{o^T = -\dfrac{o}{a^2 + o^2}}$

$\boxed{x_0 = -X_0 \cdot a^T + Y_0 \cdot o^T}$ $\boxed{y_0 = -X_0 \cdot o^T - Y_0 \cdot a^T}$

Koordinaten System yx $\boxed{y_A = y_0 + a^T \cdot Y_A + o^T \cdot X_A}$ $\boxed{x_A = x_0 + a^T \cdot X_A - o^T \cdot Y_A}$

Berechnung der Polarkoordinaten im örtlichen System über Richtungswinkel und Strecke (siehe Abschnitt 4.1.1)

7.4 Polygonierung

7.4.1 Anlage und Form von Polygonzügen

$\triangle$ = Anschlusspunkte $\circ$ = Neupunkte

a) Zug mit beidseitigem Richtungs- und Koordinatenabschluss (Normalfall)

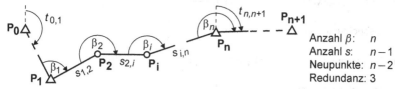

Anzahl β: n
Anzahl s: $n-1$
Neupunkte: $n-2$
Redundanz: 3

Winkelabschlussverbesserung
Koordinatenabschlussverbesserung

b) Zug ohne Richtungsabschluss

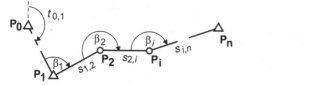

Anzahl β: $n-1$
Anzahl s: $n-1$
Neupunkte: $n-2$
Redundanz: 2

Koordinatenabschlussverbesserung

c) Zug ohne Richtungs- und Koordinatenabschluss

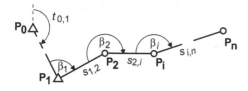

Anzahl β: $n-1$
Anzahl s: $n-1$
Neupunkte: $n-1$
Redundanz: 0

keine Abschlussverbesserung

d) eingehängter Zug ohne Richtungsanschlüsse (Einrechnungszug)
- im örtlichen Koordinatensystem rechnen und ins Landeskoordinatensystem transformieren

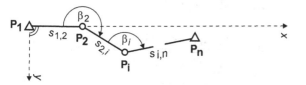

Anzahl β: $n-2$
Anzahl s: $n-1$
Neupunkte: $n-2$
Redundanz: 1

eine Maßstabskontrolle

e) freier Zug siehe Abschnitt 7.4.3

f) geschlossener Polygonzug (Ringpolygon) siehe Abschnitt 7.4.4

7.4.2 Polygonzugberechnung - Normalfall

Gegeben: *Koordinaten der Anschlusspunkte $P_0(y_0, x_0)$, $P_1(y_1, x_1)$*
Koordinaten der Anschlusspunkte $P_n(y_n, x_n)$, $P_{n+1}(y_{n+1}, x_{n+1})$
Gemessen: *Brechungswinkel β_i*
Strecken $s_{i,i+1}$

Anschlussrichtungswinkel	$t_{0,1} = \arctan \dfrac{y_1 - y_0}{x_1 - x_0}$
Abschlussrichtungswinkel	$t_{n,n-1} = \arctan \dfrac{y_{n-1} - y_n}{x_{n-1} - x_n}$
Winkelabweichung	$\boxed{W_W = t_{n,n+1} - \left(t_{0,1} + [\beta] - n \cdot 200\,\text{gon}\right)}$

Winkelabschlussverbesse-
rung

$$\boxed{\Delta W_W = \frac{W_W}{n}}$$

n = Anzahl der Brechungspunkte
β = Brechungswinkel

Richtungswinkel $\boxed{t_{i,i+1} = t_{i-1,i} + \beta_i + 200\,\text{gon} + \Delta W_W \; (\pm 400\,\text{gon})}$

Koordinatenunterschiede

$$\boxed{\Delta y_{i,i+1} = s_{i,i+1} \cdot \sin t_{i,i+1}}$$

$$\boxed{\Delta x_{i,i+1} = s_{i,i+1} \cdot \cos t_{i,i+1}}$$

Probe:
$$\Delta y_{i,i+1} + \Delta x_{i,i+1} = s_{i,i+1} \cdot \sqrt{2} \cdot \sin\left(t_{i,i+1} + 50\,\text{gon}\right)$$

Koordinatenabweichungen $\boxed{W_y = (y_n - y_1) - [\Delta y]}$ $\boxed{W_x = (x_n - x_1) - [\Delta x]}$

Koordinatenverbesserungen $\boxed{v_{\Delta y_{i,i+1}} = \dfrac{s_{i,i+1}}{[s]} \cdot W_y}$ $\boxed{v_{\Delta x_{i,i+1}} = \dfrac{s_{i,i+1}}{[s]} \cdot W_x}$

Endgültige Koordinaten $\boxed{y_{i+1} = y_i + \Delta y_{i,i+1} + v_{\Delta y_{i,i+1}}}$

$$\boxed{x_{i+1} = x_i + \Delta x_{i,i+1} + v_{\Delta x_{i,i+1}}}$$

Abweichungen

Lineare Abweichung $\boxed{W_S = \sqrt{W_y^2 + W_x^2}}$

Längsabweichung $\boxed{W_L = \dfrac{W_y \cdot [\Delta y] + W_x \cdot [\Delta x]}{\sqrt{[\Delta y]^2 + [\Delta x]^2}}}$ $[\Delta x] = [\Delta x_{i,i+1}]$

Lineare Querabweichung $\boxed{W_Q = \dfrac{W_y \cdot [\Delta x] + W_x \cdot [\Delta y]}{\sqrt{[\Delta y]^2 + [\Delta x]^2}}}$ $[\Delta y] = [\Delta y_{i,i+1}]$

7.4.3 Freier Polygonzug

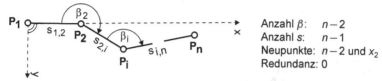

Anzahl β: $n-2$
Anzahl s: $n-1$
Neupunkte: $n-2$ und x_2
Redundanz: 0

keine Abschlussverbesserungen

Gegeben: örtliches Koordinatensystem **yx** mit $y_1 = x_1 = 0$ und $y_2 = 0$
Gemessen: *Brechungswinkel* β_i
  Strecken $s_{i,i+1}$

Richtungswinkel

$$t_{i,i+1} = t_{i-1,i} + \beta_i + 200 \, \text{gon}$$ $t_{1,2} = 0 \, \text{gon}$

Koordinatenunterschiede

$$\Delta y_{i,i+1} = s_{i,i+1} \cdot \sin t_{i,i+1}$$ $\Delta y_{1,2} = 0$

$$\Delta x_{i,i+1} = s_{i,i+1} \cdot \cos t_{i,i+1}$$ $\Delta x_{1,2} = s_{1,2}$

Probe (Koordinatenunterschiede):
$$\Delta y_{i,i+1} + \Delta x_{i,i+1} = s_{i,i+1} \cdot \sqrt{2} \cdot \sin\left(t_{i,i+1} + 50 \, \text{gon}\right)$$

örtliche Koordinaten

$$y_{i+1} = y_i + \Delta y_{i,i+1} \quad\quad x_{i+1} = x_i + \Delta x_{i,i+1}$$

Sind von Anfangs- und Endpunkt Landeskoordinaten bekannt, so können die örtlichen Koordinaten der Polygonpunkte in Landeskoordinaten transformiert werden (siehe Abschnitt 8.1.2, Koordinatentransformation mit zwei identischen Punkten).

7.4.4 Ringpolygon

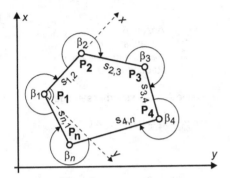

Gegeben: örtliches Koordinatensystem **yx** mit $y_1 = x_1 = 0$ und $y_2 = 0$
Gemessen: *Brechungswinkel* β_i
          Strecken $s_{i,i+1}$

Sollwerte: $[\beta_i] = (n + 2)\,200\,\text{gon}$ für Außenwinkel
           $[\beta_i] = (n - 2)\,200\,\text{gon}$ für Innenwinkel

           $n = Anzahl\ der\ Ecken$
           $[\beta_i] = gemessene\ Brechungswinkel$

Winkelabweichung	$W_W = (n \pm 2)\,200\,\text{gon} - [\beta_i]$

Winkelabschlussverbesserung $\Delta W_W = \dfrac{W_W}{n}$

Richtungswinkel $t_{i,i+1} = t_{i-1,i} + \beta_i + 200\ \text{gon} + \Delta W_W\ (\pm 400\,\text{gon})$
$t_{1,2} = 0\ \text{gon}$

Koordinatenunterschiede $\Delta y_{i,i+1} = s_{i,i+1} \cdot \sin t_{i,i+1}$ $\Delta y_{1,2} = 0$

$\Delta x_{i,i+1} = s_{i,i+1} \cdot \cos t_{i,i+1}$ $\Delta x_{1,2} = s_{1,2}$

Koordinatenabweichungen $W_y = 0 - [\Delta y]$ $W_x = 0 - [\Delta x]$

Koordinatenverbesserungen $v_{\Delta y_{i,i+1}} = \dfrac{s_{i,i+1}}{[s]} \cdot W_y$ $v_{\Delta x_{i,i+1}} = \dfrac{s_{i,i+1}}{[s]} \cdot W_x$

Endgültige Koordinaten $y_{i+1} = y_i + \Delta y_{i,i+1} + v_{\Delta y_{i,i+1}}$

$x_{i+1} = x_i + \Delta x_{i,i+1} + v_{\Delta x_{i,i+1}}$

7.4.5 Fehlertheorie

Querabweichung beim gestreckten Zug

Querabweichung des freien Zuges

am Zugende
$$Q_{Ende} = \sqrt{\frac{n(2n-1)}{6(n-1)}} \cdot [s] \cdot s_\beta\,[\text{rad}] \approx \sqrt{\frac{n}{3}} \cdot [s] \cdot s_\beta\,[\text{rad}]$$

in der Zugmitte
$$Q_{Mitte} = \sqrt{\frac{n(n+1)}{24(n-1)}} \cdot [s] \cdot s_\beta\,[\text{rad}] \approx \sqrt{\frac{n}{24}} \cdot [s] \cdot s_\beta\,[\text{rad}]$$

Querabweichung bei beidseitigem Richtungsanschluss

am Zugende
$$Q_{Ende} = \sqrt{\frac{n(n+1)}{12(n-1)}} \cdot [s] \cdot s_\beta\,[\text{rad}] \approx \sqrt{\frac{n}{12}} \cdot [s] \cdot s_\beta\,[\text{rad}]$$

in der Zugmitte
$$Q_{Mitte} = \sqrt{\frac{(n+1)(n+3)}{96(n-1)}} \cdot [s] \cdot s_\beta\,[\text{rad}] \approx \sqrt{\frac{n}{96}} \cdot [s] \cdot s_\beta\,[\text{rad}]$$

Querabweichung bei beidseitig richtungs- und lagemäßig angeschlossenem Zug (Normalfall)

in der Zugmitte
$$Q_{Mitte} = \sqrt{\frac{n^4 + 2n^2 - 3}{192n(n-1)^2}} \cdot [s] \cdot s_\beta\,[\text{rad}] \approx \sqrt{\frac{n}{192}} \cdot [s] \cdot s_\beta\,[\text{rad}]$$

Bei lagemäßig beidseitig angeschlossenen Zügen ist die Querabweichung am Zugende stets Null.

n = Anzahl der Brechpunkte
$[s]$ = Summe aller Polygonseiten
s_β = Standardabweichung des Brechungswinkels

Längsabweichung beim gestreckten Zug

Längsabweichung beim freien Zug

am Zugende
$$L_{Ende} = \sqrt{(n-1)} \cdot s_s = \sqrt{\frac{[s]}{S}} \cdot s_s$$

Längsabweichung beim lagemäßig angeschlossenen Zug (Normalfall)

in der Zugmitte
$$L_{Mitte} = \frac{1}{2}\sqrt{(n-1)} \cdot s_s = \frac{1}{2}\sqrt{\frac{[s]}{S}} \cdot s_s$$

n = Anzahl der Brechpunkte
$[s]$ = Summe aller Polygonseiten
s_s = Standardabweichung Polygonseite
S = Strecke zwischen Anfangspunkt und Endpunkt

7.4.6 Zulässige Abweichungen für Polygonzüge

Baden-Württemberg:

Zahl der Brechungspunkte $\boxed{n \leq 0,01 \cdot [s] + 3}$

Zulässige Streckenabweichung der Polygonseite [m] $\boxed{Z_E = 0,006 \cdot \sqrt{s} + 0,02}$

Zulässige Winkelabweichung [mgon] $\boxed{Z_W = \sqrt{\dfrac{600^2}{[s]^2} \cdot (n-1)^2 \cdot n + 10^2}}$

Zulässige Längsabweichung [m] $\boxed{Z_L = \sqrt{0,03^2 \cdot (n-1) + 0,06^2}}$

Zulässige Querabweichung [m] $\boxed{Z_Q = \sqrt{0,003^2 \cdot n^3 + 0,00005^2 \cdot S^2 + 0,06^2}}$

$[s]$ = Summe der Seiten eines Polgonzuges in Metern
S = Strecke zwischen Anfangspunkt und Endpunkt
n = Anzahl der Brechungspunkte einschließlich Anfangs- und Endpunkt

Für andere Bundesländer gelten andere zulässige Abweichungen:
z.B. Nordrhein-Westfalen, Brandenburg:
$Z_W = 6,0 \, \text{mgon}$
$Z_L = 6,0 \, \text{cm}$
$Z_Q = 6,0 \, \text{cm}$

7.5 Punktbestimmung mittels Netzausgleichung - Statistische Überprüfung

7.5.1 Redundanz

Gesamtredundanz

$$r = n - u$$

n = Anzahl der Beobachtungen
u = Anzahl der Unbekannten

Redundanzanteil

$$r_i = 1 - q_{\bar{l}_i l_i} \cdot p_i = 1 - \left(\frac{s_{\bar{l}_i}}{s_{l_i}}\right)^2 = q_{v_i v_i} \cdot p_i$$

$q_{\bar{l}_i l_i}$ = Gewichtsreziproke der ausgeglichenen Beobachtung
p_i = Gewicht
s_{l_i} = Standardabweichung einer Beobachtung vor der Ausgleichung (a priori)
$s_{\bar{l}_i}$ = Standardabweichung einer Beobachtung nach der Ausgleichung (a posteriori)

Einfluss auf die Verbesserung

Redundanzanteil in Prozent
Auswirkung einer Änderung einer Beobachtung auf deren Verbesserung

$$EV_i = r_i \cdot 100\%$$

$EV > 40\%$ gut kontrolliert
$10\% \leq EV \leq 40\%$ kontrolliert
$EV < 10\%$ schlecht kontrolliert

r_i = Redundanzanteil

7.5.2 Normierte Verbesserung

$$NV_i = \frac{|v_i|}{s_{v_i}} = \frac{|v_i|}{s_{l_i} \cdot \sqrt{r_i}} = \frac{|v_i|}{s_0 \sqrt{q_{v_i v_i}}}$$

$2,5 < NV < 4$: Grober Fehler möglich
$NV \geq 4$: Grober Fehler sehr wahrscheinlich

v_i = Verbesserung
s_{v_i} = Standardabweichung einer Verbesserung
s_{l_i} = Standardabweichung einer Beobachtung vor der Ausgleichung (a priori)
s_0 = Standardabweichung der Gewichtseinheit **a priori**
r_i = Redundanzanteil

7.5.3 Grober Fehler

$$GF_i = -\frac{v_i}{r_i}$$

v_i = Verbesserung
r_i = Redundanzanteil

7.5.4 Einfluss auf die Punktlage

Einfluss eines etwaigen groben Fehlers auf den die Beobachtung berührenden Punkt

$$EP_i = -v_i \cdot \frac{1-r_i}{r_i} = GF_i\,(1-r_i)$$ für Strecken

$$EP_i = -v_i[\text{rad}] \cdot \frac{1-r_i}{r_i} \cdot S_i = GF_i\,[\text{rad}]\,(1-r_i)\cdot S_i$$ für Richtungen

S_i = Strecke zwischen den verknüpften Punkten

7.6 Zulässige Abweichungen für Lagepunkte

Baden-Württemberg:

Zulässige lineare Abweichung bei der Doppelaufnahme oder bei der Verprobung der Aufmessung eines Punktes zur Bestimmung von Landeskoordinaten

$$Z_P = 0,03\ \text{m}$$

Zulässige lineare Abweichung bei der Überprüfung eines durch Landeskoordinaten festgelegten Punktes

$$Z_P = 0,08\ \text{m}$$

8 Transformationen

8.1 Ebene Transformationen

8.1.1 Drehung um den Koordinatenursprung (1 Parameter)

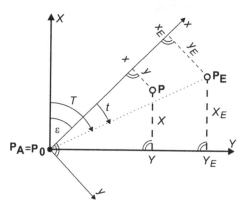

Gegeben:
Koordinaten des identischen Punktes im Quellsystem: $P_E(y_E, x_E)$
Koordinaten des identischen Punktes im Zielsystem: $P_E(Y_E, X_E)$
oder
Drehwinkel ε

Koordinaten der zu transformierenden Punkte im Quellsystem: $P(y, x)$

Berechnung der Richtungswinkel $\quad T = \arctan \dfrac{Y_E}{X_E}$

$$t = \arctan \frac{y_E}{x_E}$$

Drehwinkel

$$\boxed{\varepsilon = T - t}$$

Transformationsgleichung

$$\boxed{Y = y \cdot \cos \varepsilon + x \cdot \sin \varepsilon}$$

$$\boxed{X = -y \cdot \sin \varepsilon + x \cdot \cos \varepsilon}$$

© Springer Fachmedien Wiesbaden GmbH, ein Teil von Springer Nature 2022
F. J. Gruber und R. Joeckel, *Formelsammlung für das Vermessungswesen*,
https://doi.org/10.1007/978-3-658-37873-8_8

8.1.2 Ähnlichkeitstransformation mit zwei identischen Punkten (4 Parameter)

Koordinatensystem (y,x)	$\Rightarrow$	Koordinatensystem (Y,X)
(Quellsystem)		(Zielsystem)

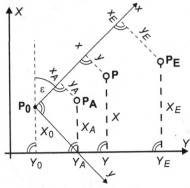

Gegeben:
Koordinaten der identischen Punkte im Quellsystem: $P_A(y_A,x_A)$, $P_E(y_E,x_E)$
Koordinaten der identischen Punkte im Zielsystem: $P_A(Y_A,X_A)$, $P_E(Y_E,X_E)$

Koordinaten der zu transformierenden Punkte im Quellsystem: $P(y,x)$

$$\Delta y = y_E - y_A \qquad \Delta x = x_E - x_A$$
$$\Delta Y = Y_E - Y_A \qquad \Delta X = X_E - X_A$$

Berechnung der Richtungswinkel $\quad T(Y,X) = \arctan\dfrac{(Y_E - Y_A)}{(X_E - X_A)}$

$$t(y,x) = \arctan\dfrac{(y_E - y_A)}{(x_E - x_A)}$$

Berechnung der Strecken $\qquad S = \sqrt{(Y_E - Y_A)^2 + (X_E - X_A)^2}$

$$s = \sqrt{(y_E - y_A)^2 + (x_E - x_A)^2}$$

Drehwinkel $\qquad\boxed{\varepsilon = T(Y,X) - t(y,x)}$

Maßstabsfaktor $\qquad\boxed{m = \dfrac{S}{s}}$

Transformationsparameter $\qquad\boxed{o = \dfrac{\Delta Y \cdot \Delta x - \Delta X \cdot \Delta y}{s^2} = \dfrac{S}{s}\cdot\sin\varepsilon}$

$$\boxed{a = \dfrac{\Delta X \cdot \Delta x + \Delta Y \cdot \Delta y}{s^2} = \dfrac{S}{s}\cdot\cos\varepsilon}$$

$$\boxed{Y_0 = Y_A - a\cdot y_A - o\cdot x_A}$$

$$\boxed{X_0 = X_A + o\cdot y_A - a\cdot x_A}$$

Probe: $o^2 + a^2 = m^2 \approx 1$

Transformationsgleichungen

$$Y = Y_0 + a \cdot y + o \cdot x$$

$$X = X_0 - o \cdot y + a \cdot x$$

Probe:

$[Y] = k \cdot Y_0 + a \cdot [y] + o \cdot [x]$

$[X] = k \cdot X_0 - o \cdot [y] + a \cdot [x]$

$k = $ *Anzahl der transformierten Punkte*

Transformationsgleichungen mit Maßstabsfaktor $m = 1$

$$Y = Y_{0_1} + a_1 \cdot y + o_1 \cdot x$$

$$X = X_{0_1} - o_1 \cdot y + a_1 \cdot x$$

und folgenden Transformationsparametern:

$o_1 = \sin \varepsilon$

$a_1 = \cos \varepsilon$

$Y_{0_1} = Y_A - a_1 \cdot y_A - o_1 \cdot x_A$

$X_{0_1} = X_A + o_1 \cdot y_A - a_1 \cdot x_A$

Sonderfall:

Koordinatensystem (Y, X) $\Rightarrow$	**Koordinatensystem** (y, x)
(Landessystem = Quellsystem)	(Messungslinie = Zielsystem)

Gegeben:

Koordinaten der identischen Punkte im Quellsystem: $P_A(Y_A, X_A)$, $P_E(Y_E, X_E)$

Koordinaten der identischen Punkte im Zielsystem: $P_A(0, x_A)$, $P_E(0, x_E)$

Koordinaten der zu transformierenden Punkte im Quellsystem: $P(Y, X)$

$s = x_E - x_A = $ *gemessene Strecke*

Berechnung des Richtungswinkels

$$T(Y, X) = \arctan \frac{Y_E - Y_A}{X_E - X_A}$$

Berechnung der Strecke

$$S = \sqrt{(Y_E - Y_A)^2 + (X_E - X_A)^2}$$

Drehwinkel

$$\varepsilon = t(y, x) - T(Y, X) = -T(Y, X)$$

$y_A = y_E = 0$

Maßstabsfaktor

$$m = \frac{S}{s}$$

Transformationsparameter

$$o = -\frac{(Y_E - Y_A) \cdot s}{S^2} = \frac{s}{S} \cdot \sin \varepsilon$$

$$a = \frac{(X_E - X_A) \cdot s}{S^2} = \frac{s}{S} \cdot \cos \varepsilon$$

$$y_0 = -a \cdot Y_A - o \cdot X_A$$

$$x_0 = x_A + o \cdot Y_A - a \cdot X_A$$

Probe:
$$o^2 + a^2 = m^2 \approx 1$$

Transformationsgleichungen

$$y = y_0 + a \cdot Y + o \cdot X$$

$$x = x_0 - o \cdot Y + a \cdot X$$

Probe:
$$[y] = k \cdot y_0 + a \cdot [Y] + o \cdot [X]$$
$$[x] = k \cdot x_0 - o \cdot [Y] + a \cdot [X]$$
$k = $ *Anzahl der transformierten Punkte*

Transformationsgleichungen mit Maßstabsfaktor $m = 1$

$$y = y_{0_1} + a_1 \cdot Y + o_1 \cdot X$$

$$x = x_{0_1} - o_1 \cdot Y + a_1 \cdot X$$

und folgenden Transformationsparametern:

$o_1 = \sin \varepsilon$
$a_1 = \cos \varepsilon$
$y_{0_1} = -a_1 \cdot Y_A - o_1 \cdot X_A$
$x_{0_1} = +o_1 \cdot Y_A - a_1 \cdot X_A$

8.1.3 Ähnlichkeitstransformation mit mehr als 2 identischen Punkten - Helmert-Transformation (4 Parameter)

Transformation der Koordinaten	
Koordinatensystem (y, x) $\Rightarrow$ (Quellsystem)	Koordinatensystem (Y, X) (Zielsystem)

Gegeben:
Koordinaten der identischen Punkte im Quellsystem: $P_i(y_i, x_i)$
Koordinaten der identischen Punkte im Zielsystem: $P_i(Y_i, X_i)$
Anzahl der identischen Punkte $n > 2$

Koordinaten der zu transformierenden Punkte im Quellsystem: $P(y, x)$

Schwerpunktskoordinaten yx $\qquad y_s = \dfrac{[y_i]}{n} \qquad x_s = \dfrac{[x_i]}{n}$

Schwerpunktskoordinaten YX $\qquad Y_s = \dfrac{[Y_i]}{n} \qquad X_s = \dfrac{[X_i]}{n}$

$$n = \text{Anzahl der identischen Punkte}$$

Reduktion auf den Schwerpunkt yx $\qquad \bar{y}_i = y_i - \dfrac{[y_i]}{n} \qquad \bar{x}_i = x_i - \dfrac{[x_i]}{n}$

Reduktion auf den Schwerpunkt YX $\qquad \bar{Y}_i = Y_i - \dfrac{[Y_i]}{n} \qquad \bar{X}_i = X_i - \dfrac{[X_i]}{n}$

$$n = \text{Anzahl der identischen Punkte}$$

Transformationsparameter

$$o = \frac{\left[\bar{x}_i \cdot \bar{Y}_i - \bar{y}_i \cdot \bar{X}_i \right]}{\left[\bar{x}_i^2 + \bar{y}_i^2 \right]}$$

$$a = \frac{\left[\bar{x}_i \cdot \bar{X}_i + \bar{y}_i \cdot \bar{Y}_i \right]}{\left[\bar{x}_i^2 + \bar{y}_i^2 \right]}$$

$$Y_0 = Y_S - a \cdot y_S - o \cdot x_S$$

$$X_0 = X_S - a \cdot x_S + o \cdot y_S$$

Maßstabsfaktor $\qquad m = \sqrt{a^2 + o^2}$

Drehwinkel zwischen beiden Systemen $\qquad \varepsilon = \arctan \dfrac{o}{a}$

Abweichungen

$$W_{Y_i} = -Y_0 - a \cdot y_i - o \cdot x_i + Y_i$$

$$W_{X_i} = -X_0 - a \cdot x_i + o \cdot y_i + X_i$$

Probe:
$$[W_{Y_i}] = 0 \qquad [W_{X_i}] = 0$$

Transformationsgleichungen

$$Y = Y_0 + a \cdot y + o \cdot x$$

$$X = X_0 + a \cdot x - o \cdot y$$

Probe nach der Transformation weiterer Punkte:
$$[Y] = k \cdot Y_0 + a \cdot [y] + o \cdot [x]$$
$$[X] = k \cdot X_0 + a \cdot [x] - o \cdot [y]$$
$k =$ Anzahl der transformierten Punkte

Transformationsgleichungen mit Maßstabsfaktor $m = 1$

$$Y = Y_{0_1} + a_1 \cdot y + o_1 \cdot x$$

$$X = X_{0_1} + a_1 \cdot x - o_1 \cdot y$$

und folgenden Transformationsparametern:

$$o_1 = \frac{o}{\sqrt{a^2 + o^2}}$$
$$a_1 = \frac{a}{\sqrt{a^2 + o^2}}$$
$$Y_{0_1} = Y_S - a_1 \cdot y_S - o_1 \cdot x_S$$
$$X_{0_1} = X_S - a_1 \cdot x_S + o_1 \cdot y_S$$

Genauigkeit

Standardabweichung der Koordinaten

$$s_x = s_y = \sqrt{\frac{\left[W_{X_i}W_{X_i}\right] + \left[W_{Y_i}W_{Y_i}\right]}{2n - 4}}$$ $n =$ Anzahl der identischen Punkte

Probe: $\left[W_{X_i}W_{X_i}\right] + \left[W_{Y_i}W_{Y_i}\right] = \left[\overline{X}_i^2 + \overline{Y}_i^2\right] - \left(a^2 + o^2\right) \cdot \left[\overline{x}_i^2 + \overline{y}_i^2\right]$

Rücktransformation der Koordinaten		
Koordinatensystem (Y, X)	$\Rightarrow$	Koordinatensystem (y, x)
(Neues Quellsystem)		(Neues Zielsystem)

Transformationsparameter

$$a^T = \frac{a}{a^2 + o^2}$$

$$o^T = \frac{o}{a^2 + o^2}$$

$$y_0 = -X_0 \cdot o^T - Y_0 \cdot a^T$$

$$x_0 = -X_0 \cdot a^T + Y_0 \cdot o^T$$

Transformationsgleichungen

$$y = y_0 + a^T \cdot Y - o^T \cdot X$$

$$x = x_0 + a^T \cdot X + o^T \cdot Y$$

8.1.4 Affin-Transformation (6 Parameter)

Transformation der Koordinaten
Koordinatensystem (y, x) $\Rightarrow$ **Koordinatensystem** (Y, X)
(Quellsystem)   (Zielsystem)

Gegeben:
Koordinaten der identischen Punkte im Quellsystem: $P_i(y_i, x_i)$
Koordinaten der identischen Punkte im Zielsystem: $P_i(Y_i, X_i)$
Anzahl der identischen Punkte $n \geq 3$

Koordinaten der zu transformierenden Punkte im Quellsystem: $P(y, x)$

Schwerpunktskoordinaten yx $y_s = \dfrac{[y_i]}{n}$ $x_s = \dfrac{[x_i]}{n}$

Schwerpunktskoordinaten YX $Y_s = \dfrac{[Y_i]}{n}$ $X_s = \dfrac{[X_i]}{n}$

$$n = \text{Anzahl der identischen Punkte}$$

Reduktion auf den Schwerpunkt yx $\bar{y}_i = y_i - \dfrac{[y_i]}{n}$ $\bar{x}_i = x_i - \dfrac{[x_i]}{n}$

Reduktion auf den Schwerpunkt YX $\bar{Y}_i = Y_i - \dfrac{[Y_i]}{n}$ $\bar{X}_i = X_i - \dfrac{[X_i]}{n}$

$$n = \text{Anzahl der identischen Punkte}$$

Transformationsparameter

$$a_1 = \frac{[\bar{x}_i \bar{X}_i] \cdot [\bar{y}_i^2] - [\bar{y}_i \bar{X}_i] \cdot [\bar{x}_i \bar{y}_i]}{N} = m_1 \cdot \cos \alpha$$

$$a_2 = \frac{[\bar{x}_i \bar{X}_i] \cdot [\bar{x}_i \bar{y}_i] - [\bar{y}_i \bar{X}_i] \cdot [\bar{x}_i^2]}{N} = m_2 \cdot \sin \beta$$

$$a_3 = \frac{[\bar{y}_i \bar{Y}_i] \cdot [\bar{x}_i^2] - [\bar{x}_i \bar{Y}_i] \cdot [\bar{x}_i \bar{y}_i]}{N} = m_2 \cdot \cos \beta$$

$$a_4 = \frac{[\bar{x}_i \bar{Y}_i] \cdot [\bar{y}_i^2] - [\bar{y}_i \bar{Y}_i] \cdot [\bar{x}_i \bar{y}_i]}{N} = m_1 \cdot \sin \alpha$$

mit: $N = [\bar{x}_i^2] \cdot [\bar{y}_i^2] - [\bar{x}_i \bar{y}_i]^2$

$$Y_0 = Y_s - a_3 \cdot y_s - a_4 \cdot x_s$$

$$X_0 = X_s - a_1 \cdot x_s + a_2 \cdot y_s$$

Drehwinkel für Abszisse und Ordinate   Abszisse $\quad \alpha = \arctan \dfrac{a_4}{a_1}$

                                          Ordinate $\quad \beta = \arctan \dfrac{a_2}{a_3}$

Maßstabsfaktor für Abszisse und Ordinate   Abszisse $\boxed{m_1 = \sqrt{a_1^2 + a_4^2}}$

Ordinate $\boxed{m_2 = \sqrt{a_2^2 + a_3^2}}$

Abweichungen

$$\boxed{W_{Y_i} = -Y_0 - a_3 \cdot y_i - a_4 \cdot x_i + Y_i}$$

$$\boxed{W_{X_i} = -X_0 - a_1 \cdot x_i + a_2 \cdot y_i + X_i}$$

Probe:

$$[W_{Y_i}] = 0 \qquad [W_{X_i}] = 0$$

Transformationsgleichungen

$$\boxed{Y = Y_0 + a_3 \cdot y + a_4 \cdot x}$$

$$\boxed{X = X_0 + a_1 \cdot x - a_2 \cdot y}$$

Genauigkeit

Standardabweichung der Koordinaten

$$\boxed{s_x = s_y = \sqrt{\frac{[W_{X_i}W_{X_i}] + [W_{Y_i}W_{Y_i}]}{2n - 6}}} \qquad n = \text{Anzahl der identischen Punkte}$$

Probe:

$$[W_{X_i}W_{X_i}] + [W_{Y_i}W_{Y_i}] = [\overline{X_i^2} + \overline{Y_i^2}] - (a^2 + o^2) \cdot [\overline{x_i^2} + \overline{y_i^2}]$$

Rücktransformation der Koordinaten		
Koordinatensystem (Y, X)	⇒	**Koordinatensystem (y, x)**
(Neues Quellsystem)		(Neues Zielsystem)

Transformationsparameter

$$\boxed{a_1^T = \frac{a_3}{a_1 a_3 + a_2 a_4}}$$

$$\boxed{a_2^T = \frac{-a_2}{a_1 a_3 + a_2 a_4}}$$

$$\boxed{a_3^T = \frac{a_1}{a_1 a_3 + a_2 a_4}}$$

$$\boxed{a_4^T = \frac{-a_4}{a_1 a_3 + a_2 a_4}}$$

$$\boxed{y_0 = -a_4^T \cdot X_0 - a_3^T \cdot Y_0}$$

$$\boxed{x_0 = -a_1^T \cdot X_0 + a_2^T \cdot Y_0}$$

Transformationsgleichungen

$$\boxed{y = y_0 + a_3^T \cdot Y + a_4^T \cdot X}$$

$$\boxed{x = x_0 + a_1^T \cdot X - a_2^T \cdot Y}$$

8.1.5 Projektivtransformation (8 Parameter)

Die Projektivtransformation wird in der Photogrammetrie und Video-Tachymetrie eingesetzt

Transformation der Koordinaten
Koordinatensystem (y, x) $\Rightarrow$ **Koordinatensystem** (Y, X) (Quellsystem)   (Zielsystem)

$$X = \frac{a \cdot x + b \cdot y + c}{g \cdot x + h \cdot y + 1}$$

$$Y = \frac{d \cdot x + e \cdot y + f}{g \cdot x + h \cdot y + 1}$$

Berechnung der Transformationsparameter mit n identischen Punkten

Gegeben:
Koordinaten der identischen Punkte im Quellsystem: $P_i(y_i, x_i)$
Koordinaten der identischen Punkte im Zielsystem: $P_i(Y_i, X_i)$

Durch Umstellung der obigen Transformationsformeln erhält man folgende Bestimmungsgleichungen in Matrizenform

$$\begin{pmatrix} x_i & y_i & 1 & 0 & 0 & 0 & -x_i X_i & -y_i X_i \\ 0 & 0 & 0 & x_i & y_i & 1 & -x_i X_i & -y_i Y_i \end{pmatrix} \cdot \begin{pmatrix} a \\ b \\ c \\ d \\ e \\ f \\ g \\ h \end{pmatrix} = \begin{pmatrix} X_i \\ Y_i \end{pmatrix} \quad \text{mit } i = 1, \ldots, n$$

Für vier identische Punkte $(n = 4)$ ergeben sich acht Bestimmungsgleichungen für die acht Parameter. Von den identischen Punkten dürfen hierbei keine drei auf einer Geraden liegen.

$\mathbf{A} \cdot \bar{\mathbf{x}} = \mathbf{I}$ mit:

$$\mathbf{A} = \begin{pmatrix} x_1 & y_1 & 1 & 0 & 0 & 0 & -x_1 X_1 & -y_1 X_1 \\ 0 & 0 & 0 & x_1 & y_1 & 1 & -x_1 Y_1 & -y_1 Y_1 \\ \vdots & \vdots & \vdots & \vdots & \vdots & \vdots & \vdots & \vdots \\ x_4 & y_4 & 1 & 0 & 0 & 0 & -x_4 X_4 & -y_4 X_4 \\ 0 & 0 & 0 & x_4 & y_4 & 1 & -x_4 Y_4 & -y_4 Y_4 \end{pmatrix} \quad \bar{\mathbf{x}} = \begin{pmatrix} a \\ b \\ c \\ d \\ e \\ f \\ g \\ h \end{pmatrix} \quad \mathbf{I} = \begin{pmatrix} X_1 \\ Y_1 \\ \vdots \\ X_4 \\ Y_4 \end{pmatrix}$$

$\bar{\mathbf{x}} = \mathbf{A}^{-1} \cdot \mathbf{I}$

Ist $n > 4$ liegt Überbestimmung vor und es muss ausgeglichen werden. Die Verbesserungsgleichungen hierzu lauten:

$v = A \cdot \bar{x} - l$ mit:

$$v = \begin{pmatrix} v_{X_1} \\ v_{Y_1} \\ \vdots \\ v_{X_n} \\ v_{Y_n} \end{pmatrix} \quad A = \begin{pmatrix} x_1 & y_1 & 1 & 0 & 0 & 0 & -x_1 X_1 & -y_1 X_1 \\ 0 & 0 & 0 & x_1 & y_1 & 1 & -x_1 Y_1 & -y_1 Y_1 \\ \vdots & \vdots & \vdots & \vdots & \vdots & \vdots & \vdots & \vdots \\ x_n & y_n & 1 & 0 & 0 & 0 & -x_n X_n & -y_n X_n \\ 0 & 0 & 0 & x_n & y_n & 1 & -x_n Y_n & -y_n Y_n \end{pmatrix} \quad \bar{x} = \begin{pmatrix} a \\ b \\ c \\ d \\ e \\ f \\ g \\ h \end{pmatrix} \quad l = \begin{pmatrix} X_1 \\ Y_1 \\ \vdots \\ X_n \\ Y_n \end{pmatrix}$$

Berechnung der Normalgleichungen, der Unbekannten und der Kofaktorenmatrizen (siehe auch Abschnitt 11.1)

$$N = A^T \cdot A \qquad h = A^T \cdot l \qquad \bar{x} = N^{-1} \cdot h \qquad Q_{xx} = N^{-1}$$

Genauigkeit

Standardabweichung

$$s_0 = \sqrt{\frac{v^T \cdot v}{2n - 8}} \quad n = \text{Anzahl der identischen Punkte}; \ n > 4$$

Standardabweichung der Unbekannten x_i (i-ter Eintrag von $\bar{x}$)

$$s_{\bar{x_i}} = s_0 \cdot \sqrt{q_{x_i x_i}} \quad q_{x_i x_i} = (Q_{xx})_{ii} = \text{i-tes Diagonalglied von } Q_{xx}$$

8.1.6 Ausgleichende Gerade

Transformation der Koordinaten
Landessystem (Y, X) $\Rightarrow$ **örtliches System** (y, x)
(Quellsystem)   (Zielsystem)
Transformation der Ordinaten unabhängig von den Abszissen

Gegeben:
Koordinaten der identischen Punkte im örtlichen System: $P_i(y_i, x_i)$
Koordinaten der identischen Punkte im Landessystem: $P_i(Y_i, X_i)$
Anzahl der identischen Punkte $n \geq 2$

Koordinaten der zu transformierenden Punkte im Landessystem: $P(Y, X)$

Ordinatenausgleichung

Vorläufige Transformation der Ordinaten Y

$$T = \arctan \frac{Y_E - Y_A}{X_E - X_A} \qquad t = \arctan \frac{y_E - y_A}{x_E - x_A} \qquad \alpha = t - T$$

vorläufige Parameter

$$a' = \cos \alpha$$
$$o' = \sin \alpha$$
$$y_0' = y_A - a' \cdot Y_A - o' \cdot X_A$$

vorläufige Ordinaten

$$\boxed{y_i' = y_0' + a' \cdot Y_i + o' \cdot X_i}$$

Endgültige Transformation der Ordinaten Y

Verbesserungsgleichung $\qquad v_{Y_i} = -x_i \cdot \Delta m - \Delta b + \Delta y_i$

mit: $\boxed{\Delta m = \dfrac{[x_i \cdot \Delta y_i] \cdot n - [x_i] \cdot [\Delta y_i]}{[x_i^2] \cdot n - [x_i]^2}}$

$\boxed{\Delta b = \dfrac{[\Delta y_i]}{n} - \dfrac{[x_i]}{n} \cdot \Delta m}$

$\boxed{\Delta y_i = y_i - y_i'}$

$n = $ *Anzahl der identischen Punkte*

Transformationsparameter

$\boxed{a = \cos(\alpha + \Delta \alpha)}$

$\boxed{o = \sin(\alpha + \Delta \alpha)}$ $\quad \Delta \alpha = \arctan \Delta m$

$\boxed{y_0 = y_A - a \cdot Y_A - o \cdot X_A + x_A \cdot \Delta m + \Delta b}$

Transformationsgleichung - Ordinaten $\boxed{y = y_0 + a \cdot Y + o \cdot X}$

Abszissenausgleichung

Vorläufige Transformation der Abszissen X

vorläufige Parameter $x_0 = x_A + a \cdot X_A + o \cdot Y_A$

                                     a und o aus Ordinatenausgleichung

vorläufige Abszissen $\boxed{x_i' = x_0 + a \cdot X_i - o \cdot Y_i}$

Endgültige Transformation der Abszissen X

Verbesserungsgleichung $v_{x_i} = -x_i' \cdot \Delta m_A - \Delta x_0 + \Delta x_i$

$$\text{mit:} \quad \boxed{\Delta m_A = \frac{[x_i \cdot \Delta x_i] \cdot n - [x_i] \cdot [\Delta x_i]}{[x_i^2] \cdot n - [x_i]^2}}$$

$$\boxed{\Delta x_0 = \frac{[\Delta x_i]}{n} - \frac{[x_i]}{n} \cdot \Delta m_A}$$

$$\boxed{\Delta x_i = x_i - x_i'}$$

$n = $ *Anzahl der identischen Punkte*

Transformationsparameter $\boxed{x_0 = m \cdot x_0 + \Delta x_0}$

Maßstabsfaktor $\boxed{m = 1 + \Delta m_A}$

Transformationsgleichung - Abszissen $\boxed{x = x_0 + m \cdot a \cdot X - m \cdot o \cdot Y}$

Rücktransformation der Koordinaten	
Örtliches System (y, x)	**Landessystem (Y, X)**
(Neues Quellsystem)	(Neues Zielsystem)

Transformationsparameter $\boxed{a^T = a}$

                                           $\boxed{o^T = -o}$

$$\boxed{X_0 = -\frac{1}{m} \cdot x_0 + o^T \cdot y_0}$$

$$\boxed{Y_0 = -\frac{1}{m} \cdot x_0 - a^T \cdot y_0}$$

Transformationsgleichungen

$$\boxed{X = X_0 + \frac{1}{m} \cdot a^T \cdot x - o^T \cdot y}$$

$$\boxed{Y = Y_0 + \frac{1}{m} \cdot o^T \cdot x + a^T \cdot y}$$

8.2 Räumliche Transformationen

8.2.1 Räumliche Ähnlichkeitstransformation (7 Parameter)

Der konforme Übergang von einem kartesischen Quellsystem (A) zu einem kartesischen Zielsystem (Z) kann mit Hilfe der räumlichen Ähnlichkeitstransformation erfolgen.

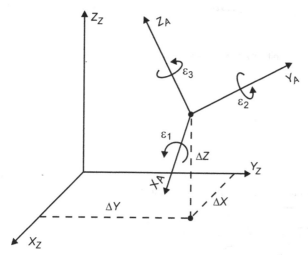

Für die Transformation müssen 7 Parameter gegeben oder bestimmbar sein:

3 Translationen: $\Delta X, \Delta Y, \Delta Z$
3 Rotationen: $\varepsilon_1, \varepsilon_2, \varepsilon_3$ *)
1 Maßstabsfaktor: m

*) Das Vorzeichen der Rotationen ε ist positiv, wenn vom Ursprung aus und entlang der Achsen gesehen im Uhrzeigersinn gedreht wird!

Allgemeine Form der Transformationsgleichungen

$$\mathbf{X}_Z = \Delta + m \cdot \mathbf{R} \cdot \mathbf{X}_A$$

mit: $\mathbf{X}_Z = \begin{pmatrix} X_Z \\ Y_Z \\ Z_Z \end{pmatrix}$ $\Delta = \begin{pmatrix} \Delta X \\ \Delta Y \\ \Delta Z \end{pmatrix}$ $\mathbf{X}_A = \begin{pmatrix} X_A \\ Y_A \\ Z_A \end{pmatrix}$

und: $\mathbf{R} = \mathbf{R}_3 \cdot \mathbf{R}_2 \cdot \mathbf{R}_1$

$$R_1 = \begin{pmatrix} 1 & 0 & 0 \\ 0 & \cos\varepsilon_1 & \sin\varepsilon_1 \\ 0 & -\sin\varepsilon_1 & \cos\varepsilon_1 \end{pmatrix} \quad R_2 = \begin{pmatrix} \cos\varepsilon_2 & 0 & -\sin\varepsilon_2 \\ 0 & 1 & 0 \\ \sin\varepsilon_2 & 0 & \cos\varepsilon_2 \end{pmatrix} \quad R_3 = \begin{pmatrix} \cos\varepsilon_3 & \sin\varepsilon_3 & 0 \\ -\sin\varepsilon_3 & \cos\varepsilon_3 & 0 \\ 0 & 0 & 1 \end{pmatrix}$$

$$R = \begin{pmatrix} \cos\varepsilon_2\cos\varepsilon_3 & \cos\varepsilon_1\sin\varepsilon_3 + \sin\varepsilon_1\sin\varepsilon_2\cos\varepsilon_3 & \sin\varepsilon_1\sin\varepsilon_3 - \cos\varepsilon_1\sin\varepsilon_2\cos\varepsilon_3 \\ -\cos\varepsilon_2\cdot\sin\varepsilon_3 & \cos\varepsilon_1\cos\varepsilon_3 - \sin\varepsilon_1\sin\varepsilon_2\sin\varepsilon_3 & \sin\varepsilon_1\cos\varepsilon_3 + \cos\varepsilon_1\sin\varepsilon_2\sin\varepsilon_3 \\ \sin\varepsilon_2 & -\sin\varepsilon_1\cos\varepsilon_2 & \cos\varepsilon_1\cos\varepsilon_2 \end{pmatrix}$$

Für kleine Drehwinkel ε folgt mit $\sin\varepsilon \approx \varepsilon$, $\cos\varepsilon \approx 1$ und $\sin\varepsilon_i \cdot \sin\varepsilon_j \approx 0$:

$$R = \begin{pmatrix} 1 & \varepsilon_3 & -\varepsilon_2 \\ -\varepsilon_3 & 1 & \varepsilon_1 \\ \varepsilon_2 & -\varepsilon_1 & 1 \end{pmatrix}$$

Für m nahe 1 gilt:

$$\boxed{m = 1 + \Delta m}$$

Transformationsformeln für kleine Drehwinkel mit m nahe 1:

$$\boxed{X_Z = X_A + \Delta X + \Delta m \cdot X_A + \varepsilon_3 \cdot Y_A - \varepsilon_2 \cdot Z_A}$$

$$\boxed{Y_Z = Y_A + \Delta Y - \varepsilon_3 \cdot X_A + \Delta m \cdot Y_A + \varepsilon_1 \cdot Z_A}$$

$$\boxed{Z_Z = Z_A + \Delta Z + \varepsilon_2 \cdot X_A - \varepsilon_1 \cdot Y_A + \Delta m \cdot Z_A}$$

Berechnung der Transformationsparameter mit n identischen Punkten

Gegeben:
Koordinaten der identischen Punkte im Quellsystem : $P_i(X_{A_i}, Y_{A_i}, Z_{A_i})$
Koordinaten der identischen Punkte im Zielsystem : $P_i(X_{Z_i}, Y_{Z_i}, Z_{Z_i})$

Durch Umstellung der Transformationsformeln erhält man folgende Bestimmungsgleichungen in Matrizenform:

$$\begin{pmatrix} X_{Z_i} \\ Y_{Z_i} \\ Z_{Z_i} \end{pmatrix} = \begin{pmatrix} X_{A_i} \\ Y_{A_i} \\ Z_{A_i} \end{pmatrix} + \begin{pmatrix} 1 & 0 & 0 & X_{A_i} & 0 & -Z_{A_i} & Y_{A_i} \\ 0 & 1 & 0 & Y_{A_i} & Z_{A_i} & 0 & -X_{A_i} \\ 0 & 0 & 1 & Z_{A_i} & -Y_{A_i} & X_{A_i} & 0 \end{pmatrix} \cdot \begin{pmatrix} \Delta X \\ \Delta Y \\ \Delta Z \\ \Delta m \\ \varepsilon_1 \\ \varepsilon_2 \\ \varepsilon_3 \end{pmatrix} \quad \text{wobei } i = 1, ..., n$$

Mit $n \geq 3$ ergeben sich zur Bestimmung der 7 Parameter mindestens 9 Gleichungen. Das System ist somit überbestimmt und es muss ausgeglichen werden. Es ergeben sich Verbesserungsgleichungen der Form:

$$
\begin{pmatrix} v_{Y_i} \\ v_{X_i} \\ v_{Z_i} \end{pmatrix} = \begin{pmatrix} 1 & 0 & 0 & X_{A_i} & 0 & -Z_{A_i} & Y_{A_i} \\ 0 & 1 & 0 & Y_{A_i} & Z_{A_i} & 0 & -X_{A_i} \\ 0 & 0 & 1 & Z_{A_i} & -Y_{A_i} & X_{A_i} & 0 \end{pmatrix} \cdot \begin{pmatrix} \Delta X \\ \Delta Y \\ \Delta Z \\ \Delta m \\ \varepsilon_1 \\ \varepsilon_2 \\ \varepsilon_3 \end{pmatrix} - \begin{pmatrix} X_{Z_i} & -X_{A_i} \\ Y_{Z_i} & -Y_{A_i} \\ Z_{Z_i} & -Z_{A_i} \end{pmatrix}
$$

Allgemein gilt:

$\mathbf{v} = \mathbf{A} \cdot \overline{\mathbf{x}} - \mathbf{l}'$ mit:

$$
\mathbf{v} = \begin{pmatrix} v_{X_1} \\ v_{Y_1} \\ v_{Z_1} \\ \vdots \\ v_{X_n} \\ v_{Y_n} \\ v_{Z_n} \end{pmatrix} \quad \mathbf{A} = \begin{pmatrix} 1 & 0 & 0 & X_{A_1} & 0 & -Z_{A_1} & Y_{A_1} \\ 0 & 1 & 0 & Y_{A_1} & Z_{A_1} & 0 & -X_{A_1} \\ 0 & 0 & 1 & Z_{A_1} & -Y_{A_1} & X_{A_1} & 0 \\ \vdots & \vdots & \vdots & \vdots & \vdots & \vdots & \vdots \\ 1 & 0 & 0 & X_{A_n} & 0 & -Z_{A_n} & Y_{A_n} \\ 0 & 1 & 0 & Y_{A_n} & Z_{A_n} & 0 & -X_{A_n} \\ 0 & 0 & 1 & Z_{A_n} & -Y_{A_n} & X_{A_n} & 0 \end{pmatrix} \quad \overline{\mathbf{x}} = \begin{pmatrix} \Delta X \\ \Delta Y \\ \Delta Z \\ \Delta m \\ \varepsilon_1 \\ \varepsilon_2 \\ \varepsilon_3 \end{pmatrix} \quad \mathbf{l}' = \begin{pmatrix} X_{Z_1} & -X_{A_1} \\ Y_{Z_1} & -Y_{A_1} \\ Z_{Z_1} & -Z_{A_1} \\ \vdots & \vdots \\ X_{Z_n} & -X_{A_n} \\ Y_{Z_n} & -Y_{A_n} \\ Z_{Z_n} & -Z_{A_n} \end{pmatrix}
$$

Berechnung der Normalgleichungen, der Unbekannten und der Kofaktorenmatrizen (siehe auch Abschnitt 11.1)

$$\mathbf{N} = \mathbf{A}^T \cdot \mathbf{A} \qquad \mathbf{h} = \mathbf{A}^T \cdot \mathbf{l}' \qquad \overline{\mathbf{x}} = \mathbf{N}^{-1} \cdot \mathbf{h} \qquad \mathbf{Q}_{xx} = \mathbf{N}^{-1}$$

Genauigkeit

Standardabweichung

$$\boxed{s_0 = \sqrt{\frac{\mathbf{v}^T \cdot \mathbf{v}}{3n - 7}}} \quad n = \textit{Anzahl der identischen Punkte}; \; n >= 3$$

Standardabweichung der Unbekannten x_i

$$\boxed{s_{\overline{x}_i} = s_0 \cdot \sqrt{q_{x_i x_i}}} \quad q_{x_i x_i} = (\mathbf{Q}_{xx})_{ii} = \text{i-tes Diagonalglied von } \mathbf{Q}_{xx}$$

8.2.2 Umrechnung ellipsoidischer geographischer Koordinaten in ellipsoidische kartesische Koordinaten und umgekehrt

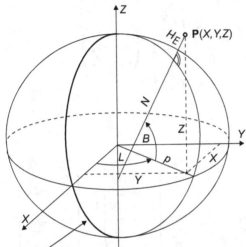

Meridian von Greenwich

Geographische Koordinaten $L, B, H_E \Rightarrow$ **Kartesische Koordinaten** X, Y, Z

$$X = (N + H_E) \cdot \cos B \cdot \cos L$$

$$Y = (N + H_E) \cdot \cos B \cdot \sin L$$

$$Z = N \cdot \sin B \cdot \frac{b^2}{a^2} + H_E \cdot \sin B = \left((1 - e^2) \cdot N + H_E \right) \cdot \sin B$$

mit: $N = \dfrac{a}{\sqrt{1 - e^2 \cdot \sin^2 B}}$

$e^2 = \dfrac{a^2 - b^2}{a^2}$

	Bessel-Ellipsoid	Hayford-Ellipsoid [1] Internationales Ellipsoid	Krassowsky-Ellipsoid	GRS 80-Ellipsoid
a	6 377 397,155m	6 378 388,000m	6 378 245,0 m	6 378 137,00 m
b	6 356 078,963m	6 356 911,946m	6 356 863,019m	6 356 752,314m

$a = $ große Halbachse
$b = $ kleine Halbachse

---

[1] Das Ellipsoid von Hayford wurde 1924 in Madrid als internationales Ellipsoid eingeführt.

Kartesische Koordinaten X, Y, Z ⇒ **Geographische Koordinaten** L, B, H_E

$$L = \arctan \frac{Y}{X}$$

$$B = \arctan \frac{Z + e'^2 \cdot b \cdot \sin^3 \theta}{p - e^2 \cdot a \cdot \cos^3 \theta}$$

$$H_E = \frac{p}{\cos B} - N$$

mit: $N = \dfrac{a}{\sqrt{1 - e^2 \cdot \sin^2 B}}$

$e^2 = \dfrac{a^2 - b^2}{a^2}$

$e'^2 = \dfrac{a^2 - b^2}{b^2}$

$\theta = \arctan \dfrac{Z \cdot a}{p \cdot b}$

$p = \sqrt{X^2 + Y^2}$

	Bessel-Ellipsoid	Hayford-Ellipsoid [1] Internationales Ellipsoid	Krassowsky-Ellipsoid	GRS 80-Ellipsoid
a	6 377 397,155m	6 378 388,000m	6 378 245,0 m	6 378 137,00 m
b	6 356 078,963m	6 356 911,946m	6 356 863,019m	6 356 752,314m

$a = $ große Halbachse
$b = $ kleine Halbachse

---

[1]Das Ellipsoid von Hayford wurde 1924 in Madrid als internationales Ellipsoid eingeführt.

8.2.3 Umrechnung geographischer Koordinaten in Gauß-Krüger-Koordinaten und umgekehrt

optimierte Formeln nach GERSTBACH

Geographische Koordinaten B, L $\Rightarrow$ Gauß-Krüger-Koordinaten R, H

$$R = \left(\frac{L_0}{3} + 0{,}5\right) \cdot 10^6 + y$$

mit: $L_0 = 3°, 6°, 9°, 12°$ oder $15°$ für Deutschland

$$y = l \cdot \frac{c}{V} \cdot \left(1 + l^2 \cdot \frac{V^2 - t^2 + l^2 \cdot \left(0{,}3 - t^2\right)}{6}\right)$$

$$H = x_B + l^2 \cdot \frac{c \cdot t}{V} \cdot \left(\frac{1}{2} + l^2 \cdot \frac{5{,}03 - t^2}{24}\right)$$

mit: $x_B = E_0 \cdot B + E_2 \cdot \sin 2B + E_4 \cdot \sin 4B + E_6 \cdot \sin 6B$

wobei gilt:

	Bessel-Ellipsoid	Krassowsky-Ellipsoid	GRS 80-Ellipsoid
E_0	111 120,619 607 m/°	111 134,861 087 m/°	111 132,952 547 m/°
E_2	−15 988,6383 m	−16 036,4801 m	−16 038,5088 m
E_4	16,7300 m	16,8281 m	16,8326 m
E_6	−0,0218 m	−0,0220 m	−0,0220 m

$$l = \frac{L - L_0}{\rho} \cdot \cos B \qquad c = \frac{a^2}{b} \qquad V = \sqrt{1 + e'^2 \cdot \cos^2 B}$$

$$t = \tan B \qquad \rho = \frac{180°}{\pi} \qquad e'^2 = \frac{a^2 - b^2}{b^2}$$

	Bessel-Ellipsoid	Krassowsky-Ellipsoid	GRS 80-Ellipsoid
a	6 377 397,155 m	6 378 245,0 m	6 378 137,00 m
b	6 356 078,963 m	6 356 863,019 m	6 356 752,314 m

$a =$ große Halbachse
$b =$ kleine Halbachse

Gauß-Krüger-Koordinaten R,H $\Rightarrow$ Geographische Koordinaten B,L

$$B = B_x - y'^2 \cdot \rho \cdot t \cdot V^2 \cdot \left(\frac{1}{2} - y'^2 \cdot \frac{4,97 + 3t^2}{24} \right)$$

$$L - L_0 = y' \cdot \frac{\rho}{\cos B_x} \cdot \left(1 - \frac{y'^2}{6} \cdot \left(V^2 + 2t^2 - y'^2 \cdot \left(0,6 + 1,1t^2 \right)^2 \right) \right)$$

mit: $B_x = \sigma + F_2 \cdot \sin 2\sigma + F_4 \cdot \sin 4\sigma + F_6 \cdot \sin 6\sigma$

$$\sigma = \frac{H}{E_0}$$

wobei gilt:

	Bessel-Ellipsoid	Krassowsky-Ellipsoid	GRS 80-Ellipsoid
E_0	111 120,619 607 m/°	111 134,861 087 m/°	111 132,952 547 m/°
F_2	0,143 885 364°	0,144 297 408°	0,144 318 142°
F_4	0,000 210 771°	0,000 211 980°	0,000 212 041°
F_6	0,000 000 427°	0,000 000 431°	0,000 000 431°

$$y' = \frac{y \cdot V}{c} \qquad \rho = \frac{180°}{\pi} \qquad y = R - \left(\frac{L_0}{3} + 0,5 \right) \cdot 10^6$$

$$V = \sqrt{1 + e'^2 \cdot \cos^2 B_x} \qquad c = \frac{a^2}{b} \qquad t = \tan B_x$$

$$e'^2 = \frac{a^2 - b^2}{b^2}$$

	Bessel-Ellipsoid	Krassowsky-Ellipsoid	GRS 80-Ellipsoid
a	6 377 397,155m	6 378 245,0 m	6 378 137,00 m
b	6 356 078,963m	6 356 863,019m	6 356 752,314m

$a =$ große Halbachse
$b =$ kleine Halbachse

Hiermit auch **Umrechnung von einem Gauß-Krüger-Merdianstreifensystem in das benachbarte Merdianstreifensystem** möglich

$(R,H)_{L_0} \Rightarrow B,L \Rightarrow (R,H)_{L_0 \pm 3°}$

mit $L_0 = 3°$, $6°$, $9°$, $12°$ oder $15°$ für Deutschland

8.2.4 Umrechnung geographischer Koordinaten in UTM-Koordinaten und umgekehrt

nach SCHÖDLBAUER

Geographische Koordinaten B, L $\Rightarrow$ UTM-Koordinaten E, N

$$E = E_0 + [1] \cdot \Delta L + [3] \cdot \Delta L^3 + [5] \cdot \Delta L^5$$

$$N = m \cdot G + [2] \cdot \Delta L^2 + [4] \cdot \Delta L^4 + [6] \cdot \Delta L^6$$

mit: $\Delta L = L - L_0$ mit $L_0 = 3°, 6°, 9°, 12°$ oder $15°$

$$E_0 = \left(\frac{L_0 + 3°}{6°} + 30{,}5 \right) \cdot 10^6$$

$$m = 0{,}9996$$

$$G = G_0 \cdot B + G_2 \cdot \sin 2B + G_4 \cdot \sin 4B + G_6 \cdot \sin 6B$$

wobei gilt:

	Internationales Ellipsoid / Hayford-Ellipsoid	GRS 80-Ellipsoid
G_0	111 136,536 655 m/°	111 132,952 547 m/°
G_2	−16 107,0347 m	−16 038,5088 m
G_4	16,9762 m	16,8326 m
G_6	−0,0223 m	−0,0220 m

$$[1] = \frac{m}{\rho} \cdot \overline{N} \cdot \cos B$$

$$[3] = \frac{m}{6\rho^3} \cdot \overline{N} \cdot \cos^3 B \cdot \left(1 - t^2 + \eta^2 \right)$$

$$[5] = \frac{m}{120\rho^5} \cdot \overline{N} \cdot \cos^5 B \cdot \left(5 - 18t^2 + t^4 + \eta^2 \cdot \left(14 - 58t^2 \right) \right)$$

$$[2] = \frac{m}{2\rho^2} \cdot \overline{N} \cdot \cos^2 B \cdot t$$

$$[4] = \frac{m}{24\rho^4} \cdot \overline{N} \cdot \cos^4 B \cdot t \cdot \left(5 - t^2 + 9 \cdot \eta^2 \right)$$

$$[6] = \frac{m}{720\rho^6} \cdot \overline{N} \cdot \cos^6 B \cdot t \cdot \left(61 - 58t^2 + t^4 \right)$$

$$\rho = \frac{180°}{\pi} \qquad \overline{N} = \frac{c}{\sqrt{1 + \eta^2}} \qquad \eta^2 = \frac{a^2 - b^2}{b^2} \cdot \cos^2 B \qquad t = \tan B \qquad c = \frac{a^2}{b}$$

	Internationales Ellipsoid / Hayford-Ellipsoid	GRS 80-Ellipsoid
a	6 378 388,000 m	6 378 137,00 m
b	6 356 911,946 m	6 356 752,314 m

a = große Halbachse
b = kleine Halbachse

UTM-Koordinaten E, N	$\Rightarrow$	Geographische Koordinaten B, L

$$B = B_F + (2) \cdot y^2 + (4) \cdot y^4 + (6) \cdot y^6$$

$$L = L_0 + (1) \cdot y + (3) \cdot y^3 + (5) \cdot y^5$$

mit: $y = E - E_0$

$$E_0 = \left(\frac{L_0 + 3°}{6°} + 30{,}5\right) \cdot 10^6 \qquad \text{oder} \qquad E_0 = (\text{Zone} + 0{,}5) \cdot 10^6$$

$L_0 = (\text{Zone} - 30) \cdot 6° - 3°$ Zone $\widehat{=}$ Zonennummer siehe Abschnitt 3.3.2

$B_F = \sigma + F_2 \cdot \sin 2\sigma + F_4 \cdot \sin 4\sigma + F_6 \cdot \sin 6\sigma$

$\sigma = \dfrac{N}{m \cdot G_0}$

$m = 0{,}9996$

wobei gilt:

	Internationales Ellipsoid / Hayford-Ellipsoid	GRS 80-Ellipsoid
G_0	111 136,536 655 000m/°	111 132,952 547 000m/°
F_2	0,144 930 079°	0,144 318 142°
F_4	0,000 213 843°	0,000 212 041°
F_6	0,000 000 437°	0,000 000 431°

$$(2) = -\frac{\rho}{2 \cdot m^2 \cdot \overline{N_F}^2} \cdot t_F \cdot \left(1 + \eta_F^2\right)$$

$$(4) = \frac{\rho}{24 \cdot m^4 \cdot \overline{N_F}^4} \cdot t_F \cdot \left(5 + 3t_F^{\,2} + 6\eta_F^2 \cdot \left(1 - t_F^{\,2}\right)\right)$$

$$(6) = -\frac{\rho}{720 \cdot m^6 \cdot \overline{N_F}^6} \cdot t_F \cdot \left(61 + 90t_F^{\,2} + 45t_F^{\,4}\right)$$

$$(1) = \frac{\rho}{m \cdot \overline{N_F} \cdot \cos B_F}$$

$$(3) = -\frac{\rho}{6 \cdot m^3 \cdot \overline{N_F}^3 \cdot \cos B_F} \cdot \left(1 + 2t_F^{\,2} + \eta_F^2\right)$$

$$(5) = \frac{\rho}{120 \cdot m^5 \cdot \overline{N_F}^5 \cdot \cos B_F} \cdot \left(5 + 28t_F^{\,2} + 24t_F^{\,4}\right)$$

$$\rho = \frac{180°}{\pi} \qquad \overline{N_F} = \frac{c}{\sqrt{1 + \eta_F^2}} \qquad \eta_F^2 = \frac{a^2 - b^2}{b^2} \cdot \cos^2 B_F \qquad t_F = \tan B_F \qquad c = \frac{a^2}{b}$$

	Internationales Ellipsoid / Hayford-Ellipsoid	GRS 80-Ellipsoid
a	6 378 388,000m	6 378 137,00 m
b	6 356 911,946m	6 356 752,314m

$a =$ große Halbachse
$b =$ kleine Halbachse

8.2.5 Überführung der WGS 84-Koordinaten in Gauß-Krüger- bzw. UTM-Koordinaten

Dreidimensionale Überführung

1. Schritt:

Bestimmung der 7 Parameter der räumlichen Ähnlichkeitstransformation mit mindestens drei identischen Punkten

---

Aus Satellitenmessung:
Kartesische WGS 84-Koordinaten
der identischen Punkte
X, Y, Z

$\Downarrow$

Bestimmung der 7 Parameter der räumlichen Ähnlichkeitstransformation mit identischen Punkten durch Ausgleichung

$\Rightarrow$ **Ergebnis:**
$\Delta X, \Delta Y, \Delta Z, \Delta m, \varepsilon_1, \varepsilon_2, \varepsilon_3,$
(siehe Abschnitt 8.2.1
„Formel für kleine Drehwinkel")

$\Uparrow$

Berechnung
von Kartesischen Koordinaten bezogen auf
das Bessel- bzw. das Hayford
Ellipsoid (siehe Abschnitt 8.2.2)
$\longrightarrow X_B, Y_B, Z_B$ bzw. X_I, Y_I, Z_I

$\Uparrow$

Umrechnung
in geographische Koordinaten
(siehe Abschnitt 8.2.3 bzw. 8.2.4)
$\longrightarrow B, L$ und $H_E = H_N + N$
oder näherungsweise $H_E \approx H_N$

$\Uparrow$

Ausgangsdaten:
GK- oder UTM- Koordinaten
Amtliche Höhen H_N
(Geoidundulationen bzw.
Quasigeoidundulationen N)

2. Schritt:

Mit den im 1. Schritt bestimmten Parametern werden die WGS 84-Koordinaten der identischen Punkte und der Neupunkte in das Landessystem (GK oder UTM) überführt.

Aus Satellitenmessung:
WGS 84-Koordinaten der identischen Punkte und Neupunkte
X, Y, Z

$$\Downarrow$$

7-Parameter-Transformation (mit den 7 Parametern aus Schritt 1)
(siehe Abschnitt 8.2.1 „Formel für kleine Drehwinkel")
$\longrightarrow$ Kartesische Koordinaten
bezogen auf das Bessel- oder das Hayford-Ellipsoid
X_B, Y_B, Z_B bzw. X_I, Y_I, Z_I

$$\Downarrow$$

Umrechnung in geographische Koordinaten
(siehe Abschnitt 8.2.2)
$\longrightarrow B, L, H_E$

$$\Downarrow$$

Umrechnung in Landeskoordinaten
(siehe Abschnitt 8.2.3 bzw. 8.2.4)
$\longrightarrow$ GK- oder UTM - Koordinaten und falls Geoidundulationen bzw.
Quasigeoidundulationen bekannt: $H_N = H_E - N$

Zweidimensionale Überführung

Die zweidimensionale Überführung ist dann zweckmäßig, wenn nur GK- oder UTM-Koordinaten und keine Höhen benötigt werden. Hierbei werden die 7 Parameter der räumlichen Ähnlichkeitstransformation nicht über identische Punkte bestimmt, sondern die schon für ein größeres Gebiet bekannten Parameter (globale Parameter) übernommen (näherungsweise Vortransformation).

```
Aus Satellitenmessung:
Kartesische WGS 84-Koordinaten
aller Punkte X, Y, Z
```
⇓
```
Räumliche Ähnlichkeitstransformation
mit globalen Parametern (Vortransformation
WGS 84 - Bessel/Hayford) (siehe Abschnitt 8.2.3
„Formel für kleine Drehwinkel")
⟶ Kartesische Koordinaten
bezogen auf das Bessel-
oder das Hayford-Ellipsoid
X_B, Y_B, Z_B bzw. X_I, Y_I, Z_I
```
⇓
```
Umrechnung in geographische Koordinaten
(siehe Abschnitt 8.2.2)
⟶ B, L, (H_E)
```
⇓
```
Umrechnung in vorläufige Landeskoordinaten
(siehe Abschnitt 8.2.3 bzw. 8.2.4)
⟶ GK- bzw. UTM - Koordinaten
```
⇓
```
Bestimmung der 4 Parameter
(lokale Parameter)
einer ebenen Ähnlichkeitstransformation      ⟸ Landeskoordinaten
über identische Punkte                          (GK- bzw. UTM-Koordinaten)
(siehe Abschnitt 8.1.2)                          der identischen Punkte
⟶ Y_0, X_0, a, o
```
⇓
```
Ebene Ähnlichkeitstransformation aller Punkte
(siehe Abschnitt 8.1.2)
⟶ lokal best eingepasste Landeskoordinaten
(GK bzw. UTM)
```

9 Höhenmessung

9.1 Niveauflächen und Bezugsflächen

Schwerebeschleunigung g

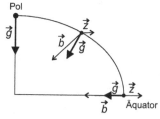

Pol

$\vec{g}$ = Schwerebeschleunigung
$\vec{b}$ = Gravitation
$\vec{z}$ = Zentrifugalbeschleunigung

Äquator

$$\boxed{\vec{g} = \vec{b} + \vec{z}}$$

$$g_{Pol} = b \approx 9{,}833 \, \frac{m}{s^2}$$

$$g_{Äqu} \approx 9{,}780 \, \frac{m}{s^2}$$

Schwerepotential W

$$\boxed{\text{Schwerepotential} \; W = \frac{\text{Lageenergie}}{\text{Masse}} = g \cdot h} \; \text{in der Einheit} \; \frac{m^2}{s^2}$$

Lageenergie = Potentielle Energie = $m \cdot g \cdot h$

g = Schwerebeschleunigung
m = Masse
h = Bezugshöhe

Niveauflächen

Die Niveaufläche (Äquipotentialfläche)
ist eine Fläche konstanten Schwerepotentials W.

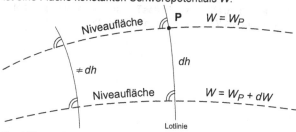

Niveaufläche — P — $W = W_P$

$\neq dh$ dh

Niveaufläche — $W = W_P + dW$

Lotlinie

Zwei Niveauflächen, die sich um die Potentialdifferenz dW unterscheiden, sind in der Regel nicht parallel. Daraus folgt auch, dass die Lotlinien gekrümmt sind.

© Springer Fachmedien Wiesbaden GmbH, ein Teil von Springer Nature 2022
F. J. Gruber und R. Joeckel, *Formelsammlung für das Vermessungswesen*,
https://doi.org/10.1007/978-3-658-37873-8_9

Geoid

Das Geoid ist eine Niveaufläche im Schwerefeld der Erde mit $W = W_0$ die den mittleren Meeresspiegel bestmöglich approximiert.

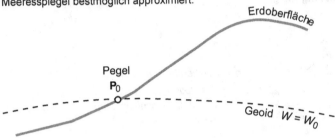

Quasigeoid

Das Quasigeoid ist die Bezugsfläche für die Normalhöhen (siehe Abschnitt 9.2). Diese Bezugsfläche entsteht, wenn man die Normalhöhen der Oberflächenpunkte entlang der Lotlinie nach unten abträgt. Das Quasigeoid ist keine reine Äquipotentialfläche, sondern eine fiktive Rechenfläche, die vom Geoid geringfügig abweicht.

Normalhöhennull

In Deutschland wurde zum 1.7.2016 das Deutsche Haupthöhennetz 2016 (DHHN2016) eingeführt. Es hat das DHHN92 abgelöst.

Als Höhenbezugsfläche gilt in Deutschland die Normalhöhennullfläche (NHN). Diese entspricht dem durch den Nullpunkt des Amsterdamer Pegels verlaufenden Quasigeoid. (GCG2016 German Combined Quasigeoid)

Das DHHN2016 wurde auf 72 Datumspunkten aus dem DHHN92 gelagert.

Die Bezeichnung der Höhen lautet:
„Höhen über Normalhöhen-Null (NHN) im DHHN2016"

Zur Umstellung von DHHN92 auf DHHN2016 wurde das Transformationsmodell HOE-TRA2016 abgeleitet und im Internet als Web-Applikation bereitgestellt:

www.hoetra2016.nrw.de

9.2 Höhen

9.2.1 Geopotentielle Kote

Die geopotentielle Kote C_P eines Punktes P ist die Potentialdifferenz zwischen dem Potential W_P des Punktes und dem Potential der Referenzfläche (Geoid) mit $W = W_0$.

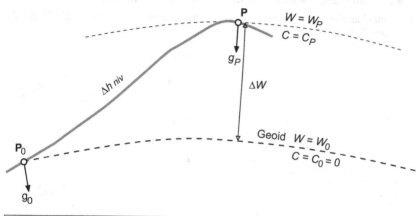

$$\boxed{C_P = \Delta W = W_0 - W_P = C_P - C_0} \quad \text{mit } C_0 = 0$$

$$\boxed{C_P \approx \Delta h_{niv} \cdot (g_0 + g_P)/2} \text{ in der Einheit } \frac{m^2}{s^2}$$

Δh_{niv} = nivellierter Höhenunterschied
$g_0; g_P$ = gemessene Schwerebeschleunigung am Punkt P_0 und Punkt P

oder streng: $\boxed{C_P = \int_{P_0}^{P} g \cdot \Delta h}$

Δh = differentiell kleine Höhenunterschiede
g = zu Δh gehörige Schwerebeschleunigung

Die geopotentiellen Koten C mit der Maßeinheit $\frac{m^2}{s^2}$ können bei Division durch g mit der Einheit $\frac{m}{s^2}$ wieder in metrische Einheiten zurückgeführt werden.

$$\boxed{H = \frac{C}{g}}$$

Das Problem hierbei ist die Bestimmung bzw. Festlegung der repräsentativen Schwerebeschleunigung g.

9.2.2 Normalhöhen

Die Normalhöhe H_N ist der metrische Abstand eines Punktes P von der als Normalhöhennullfläche bezeichneten Höhenbezugsfläche. Die Normalhöhenbezugsfläche entspricht dem durch den Nullpunkt des Amsterdamer Pegels verlaufenden Quasigeoid.

Kurze Darstellung der Ableitung der Normalhöhen:
Ausgangswert: Geopotentielle Kote C_P des Punktes P = Potentialdifferenz zum Geoid

Ein gedachter Punkt T weise gegenüber einem Niveauellipsoid ebenfalls die Potentialdifferenz C_P auf.

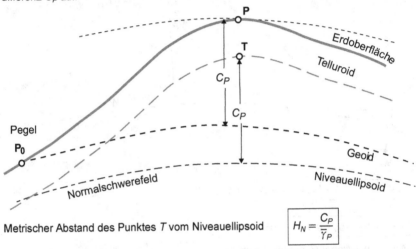

Metrischer Abstand des Punktes T vom Niveauellipsoid $\boxed{H_N = \dfrac{C_P}{\overline{\gamma}_P}}$

$\overline{\gamma}_P$ = nach VIGNAL berechenbarer Mittelwert der Normalschwere zwischen Punkt T und dem Niveauellipsoid

Die Höhe H_N wird vom Punkt P aus längs der Lotlinie (näherungsweise Ellipsoidnormale) nach unten abgetragen und man erhält den Punkt Q.

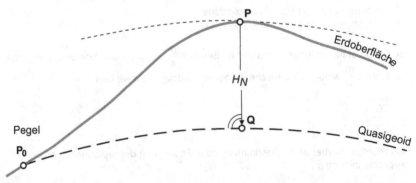

Führt man dies für beliebig viele Punkte P durch, so bilden die Punkte T das **Telluroid** und die Punkte Q das **Quasigeoid**.

9.2.3 Ellipsoidische Höhen und Normalhöhen

Die Ellipsoidische Höhe H_E ist der metrische Abstand eines Punktes P zur Ellipsoid-oberfläche gemessen entlang der Ellipsoidnormalen.

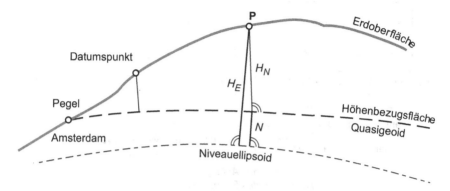

$$\boxed{H_E = H_N + N}$$ N = Quasigeoidundulation
          = metrischer Abstand des Quasigeoids zur Ellipsoidoberfläche
          gemessen entlang der Ellipsoidnormalen

Bei bekannten Quasigeoidundulationen N können ellipsoidische Höhen H_E (z.B. aus satellitengestützten Messungen) in Normalhöhen H_N umgerechnet werden und umgekehrt.
Berechnung der Ellipsoidischen Höhen H_E aus kartesischen Koordinaten (siehe Abschnitt 8.2.2)

9.3 Geometrisches Nivellement

9.3.1 Allgemeine Beobachtungshinweise

1. Größte Zielweiten: 30 - 100 m
beim Feinnivellement: 25 - 45 m (Zielweiten abschreiten oder abmessen)
2. Gleiche Zielweiten für den Rück- und Vorblick eines Standpunktes:
Zielweite Vorblick = Zielweite Rückblick:
wenn dies nicht möglich ist, muss beim Feinnivellement der Einfluss der Erdkrümmung berücksichtigt werden
3. Hin- und Rücknivellement oder Anschluss an zwei höhenbekannte Festpunkte

Zusätzlich beim Feinnivellement:
4. Zielhöhe nicht unter 0,3 m über Boden (Refraktionseinflüsse)
5. Gerade Anzahl von Standpunkten (2 Nivellierlatten verwenden)
6. Anwendung des Verfahrens "Rote Hose", um den Kompensationsrestfehler und den Höhenversatz unwirksam zu machen

9.3.2 Grundformel eines Nivellements

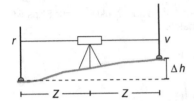

$$
\boxed{
\begin{array}{ll}
\text{Höhenunterschied} = \text{Rückblick} - \text{Vorblick} \\
\Delta h \qquad\qquad\; = \quad r \quad - \quad v
\end{array}
}
$$

Höhenunterschied zwischen zwei Höhenfestpunkten:

Sollhöhenunterschied $\boxed{\Delta H = H_E - H_A}$ (Differenz zwischen zwei vorgegebenen Höhen)

$H_A =$ Höhe des Anfangpunktes
$H_E =$ Höhe des Endpunktes

Isthöhenunterschied $\boxed{\Delta h = \sum_{i=1}^{n} r_i - \sum_{i=1}^{n} v_i}$ (beobachteter Höhenunterschied zwischen zwei Höhenpunkten)

$n =$ Anzahl der Niv-Standpunkte
$r_i =$ Rückblick
$v_i =$ Vorblick

9.3.3 Feinnivellement

Beobachtungsverfahren

Lattenablesung an Zweiskalenlatten $\boxed{r_l \to v_l \to v_r \to r_r}$

$r_l =$ Rückblick / linke Lattenskala
$r_r =$ Rückblick / rechte Lattenskala
$v_l =$ Vorblick / linke Lattenskala
$v_r =$ Vorblick / rechte Lattenskala

Auswertung der Beobachtung

sofortige Standpunktkontrolle $\boxed{k_l = r_l - v_l - (r_r - v_r)}$ $\boxed{k_l = k_v - k_r}$

sofortige Vor- und Rückblickkontrolle $\boxed{k_r = r_r - r_l - K}$ $\boxed{k_v = v_r - v_l - K}$

$K =$ Teilungskonstante zwischen den zwei Lattenskalen

Zulässige Abweichung $\qquad k_l \le 0,2\,\text{mm}$

Höhenunterschied $\boxed{\Delta h = \dfrac{\Delta h_l + \Delta h_r}{2}}$ $\quad \begin{array}{l} \Delta h_l = r_l - v_l \\ \Delta h_r = r_r - v_r \end{array}$

Bei Verwendung von Digitalnivellieren erfolgt die Lattenablesung an Codelatten nach $r \to v \to v \to r$ oder $r \to v \to r \to v$ zu nur einer Teilung.

9.3.4 Ausgleichung einer Nivellementstrecke, -linie oder -schleife

Bestimmung eines Höhenneupunktes zwischen zwei Höhenfestpunkten A, E mit den Höhen H_A und H_E

Nivellementstrecke - Nivellementslinie $A \neq E$

Nivellementstrecke (Niv - Strecke):   Nivellitische Verbindung zweier benachbarter Höhenpunkte, die in der Regel durch Wechselpunkte unterteilt ist

Nivellementlinie (Niv - Linie):   Zusammenfassung von aufeinanderfolgenden Niv-Strecken

Sollhöhenunterschied $\boxed{\Delta H = H_E - H_A}$

Isthöhenunterschied $\boxed{\Delta h = \sum h_i = \sum r_i - \sum v_i}$

Streckenwiderspruch $\boxed{w_S = \Delta H - \Delta h}$

Nivellementschleife $A = E \Rightarrow H_A = H_E$

Nivellementschleife (Niv - Schleife):   In sich geschlossene Folge von Niv- Linien oder Niv-Strecken

Sollhöhenunterschied $\boxed{\Delta H = 0}$

Isthöhenunterschied $\boxed{\Delta h = \sum h_i = \sum r_i - \sum v_i}$

Schleifenwiderspruch $\boxed{w_U = -\Delta h}$

Verteilung des Strecken- bzw. Schleifenwiderspruchs w_S, w_U

Hinweis: Die Verbesserung v_i darf nicht mit dem Vorblick verwechselt werden.

1. Verbesserung der einzelnen Rückblickablesungen r_i

a) nach der Anzahl der Standpunkte
(wenn alle Zielweiten etwa gleich lang) $\boxed{v_i = \dfrac{w_S}{n}}$ oder $\boxed{v_i = \dfrac{w_U}{n}}$

$$n = \text{Anzahl der Niv-Standpunkte}$$

b) nach den Zielweiten $\boxed{v_i = \dfrac{w_S}{S} \cdot 2z}$ oder $\boxed{v_i = \dfrac{w_U}{U} \cdot 2z}$

$z = z_R = z_V = \text{Zielweite}$
$S = \text{Länge einer Niv-Strecke/Linie}$
oder $U = \text{Länge einer Niv-Schleife}$

$\Rightarrow$ **Verbesserte Rückwärtsablesung** $\bar{r}_i = r_i + v_i$

2. Verbesserung der Höhe des Neupunktes

$\boxed{v_N = \dfrac{w_S}{S} \cdot S_N}$ oder $\boxed{v_N = \dfrac{w_U}{U} \cdot S_N}$

$S_N = \text{Niv-Strecke vom Höhenfestpunkt bis zum Neupunkt}$
$S = \text{Länge einer Niv-Strecke/Linie oder } U = \text{Länge einer Niv-Schleife}$

$\Rightarrow$ **Verbesserte Höhe des Neupunktes** $\boxed{H_{\bar{N}} = H_N + v_N}$

9.3.5 Höhenknotenpunkt

Bestimmung eines Höhenneupunktes von mehreren Höhenfestpunkten aus

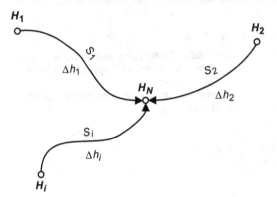

Gewogenes Mittel der Höhe des Neupunktes
$$H_{\overline{N}} = \frac{[H_{N_i} \cdot p_i]}{[p_i]}$$

$$p_i = \frac{1}{S_i}$$

$$H_{N_i} = H_i + \Delta h_i$$

$S_i = $ Länge einer Niv-Strecke
$\Delta h_i = $ beobachteter Höhenunterschied
$H_i = $ Höhenfestpunkte

Genauigkeit

Standardabweichung der Gewichtseinheit

$$s_0 = \sqrt{\frac{[p_i v_i v_i]}{n-1}}$$

$$v_i = H_{\overline{N}_i} - H_{N_i}$$

$n = $ Anzahl der beobachteten Höhenunterschiede

Standardabweichung des Höhenneupunktes

$$s_{H_{\overline{N}}} = \frac{s_0}{\sqrt{[p_i]}}$$

9.3.6 Ziellinienüberprüfung

Verfahren aus der Mitte

wenig empfehlenswertes Verfahren

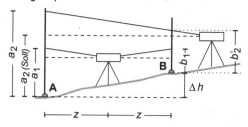

$$\boxed{\Delta h = a_1 - b_1}\ \text{fehlerfrei}$$

$$\boxed{a_2(Soll) \approx b_2' + (a_1 - b_1)}$$

Verfahren nach KUKKAMÄKI

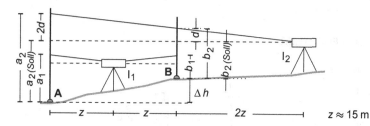

$l_1:\ \boxed{\Delta h = a_1 - b_1}$ fehlerfrei

$l_2:\ \boxed{\Delta h = a_2 - b_2 - d}$

$$\boxed{d = (a_2 - b_2) - (a_1 - b_1)}$$

$$\boxed{a_2(Soll) = a_2 - 2d}$$

$$\boxed{b_2(Soll) = b_2 - d}$$

Verfahren nach NÄBAUER

sehr zu empfehlen

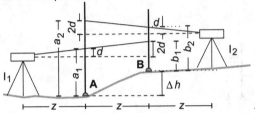

$z \approx 20\,\text{m}$

I_1: $\quad \boxed{\Delta h = (a_1 - d) - (b_1 - 2d) = (a_1 - b_1) + d}$

I_2: $\quad \boxed{\Delta h = (a_2 - 2d) - (b_2 - d) = (a_2 - b_2) - d}$

$\boxed{2d = (a_2 - b_2) - (a_1 - b_1)}$

$\boxed{a_2\,(Soll) = a_2 - 2d = (a_1 - b_1) + b_2}$

$\boxed{b_2\,(Soll) = b_2 - d}$

Verfahren nach FÖRSTNER

sehr zu empfehlen

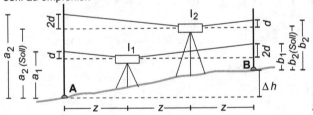

$z \approx 20\,\text{m}$

I_1: $\quad \boxed{a_1 - b_1 = \Delta h - d}$

I_2: $\quad \boxed{a_2 - b_2 = \Delta h + d}$

$\boxed{2d = (a_2 - b_2) - (a_1 - b_1)}$

$\boxed{a_2\,(Soll) = a_2 - 2d = (a_1 - b_1) + b_2}$

$\boxed{b_2\,(Soll) = b_2 - d}$

9.3.7 Genauigkeit des Nivellements

Gewichtsansatz

$$p = \frac{1}{S}$$

S = Länge einer Niv-Strecke in km

Standardabweichung für 1 km Niv-Strecke aus Strecken- bzw. Linienwidersprüchen

Einfachmessung
$$s_0 = \sqrt{\frac{1}{2n} \cdot \left[\frac{w_S w_S}{S}\right]}$$

Doppelmessung
$$s_D = \frac{s_0}{\sqrt{2}}$$

w_S = Streckenwiderspruch:
Summe der Höhenunterschiede aus Hin- und Rückmessung
n = Anzahl der Widersprüche = Anzahl der Strecken
S = Länge einer Niv-Strecke/Linie in km

Standardabweichung für 1 km Niv-Strecke aus Schleifenwidersprüchen

Einfachmessung/ Doppelmessung
$$s_0 = s_D = \sqrt{\frac{1}{n} \cdot \left[\frac{w_U w_U}{U}\right]}$$

w_U = Schleifenwiderspruch: Abweichung der Summe der Höhenunterschiede von Null
n = Anzahl der Widersprüche = Anzahl der Schleifen
U = Länge einer Niv-Schleife $= \sum S$ in km

Bei Schleifenwiderspruch aus Einfachmessung:
Standardabweichung s_0

Bei Schleifenwiderspruch aus den Mitteln der Doppelmessung:
Standardabweichung s_D

Standardabweichung einer Niv-Strecke von der Länge S_i

$$s_i = s_0 \cdot \sqrt{S_i} \quad \text{bzw.} \quad s_{iD} = s_D \cdot \sqrt{S_i}$$

Standardabweichung des Einzelhöhenunterschiedes

$$s_{\Delta h} = s_A \cdot \sqrt{2}$$

s_A = Ablesegenauigkeit an der Nivellierskala

Standardabweichung einer Niv-Strecke der Länge S aus Einzelhöhenunterschieden

$$s_S = s_{\Delta h} \cdot \sqrt{\frac{S}{2Z}}$$

Z = Zielweiten
S = Länge einer Niv-Strecke

9.3.8 Zulässige Abweichungen für geometrisches Nivellement

1. Ordnung: ADV Nivellement Feldanweisung 2006-2011
2. Ordnung: VwV FP Baden-Württemberg

Zulässiger Streckenwiderspruch aus Hin- und Rückmessung

1. Ordnung $\boxed{Z_S \text{ [mm]} = 0{,}5\,S + 1{,}5\sqrt{S}}$

2. Ordnung $\boxed{Z_S \text{ [mm]} = 0{,}5\,S + 2{,}25\sqrt{S}}$

S = Länge einer Niv-Strecke in km

Zulässiger Schleifenwiderspruch

1. Ordnung $\boxed{Z_U \text{ [mm]} = 2\sqrt{U}}$

2. Ordnung $\boxed{Z_U \text{ [mm]} = 3\sqrt{U}}$

U = Schleifenumfang in km

Zulässige Abweichung aus gemessenem Höhenunterschied und vorgegebenem Höhenunterschied

1. Ordnung $\boxed{Z_H \text{ [mm]} = 2 + 2\sqrt{S}}$

2. Ordnung $\boxed{Z_H \text{ [mm]} = 2 + 3\sqrt{S}}$

S = Länge einer Niv-Strecke in km

9.4 Trigonometrische Höhenbestimmung

9.4.1 Höhenbestimmung über kurze Distanzen (< 250 m)

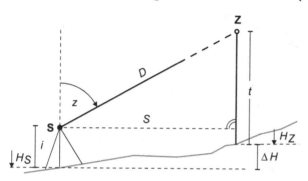

Gemessen: *Zenitwinkel z*
Distanz D oder Strecke S
Instrumentenhöhe i
Zieltafelhöhe t

Höhenbestimmung mit Distanz *D*

$$\boxed{\Delta H = D \cdot \cos z + i - t}$$

Höhenbestimmung mit Strecke *S*

$$\boxed{\Delta H = S \cdot \cot z + i - t}$$

Höhenbestimmung des Standpunktes $H_S = H_Z - \Delta H$

Höhenbestimmung des Zielpunktes $H_Z = H_S + \Delta H$

Genauigkeit

Standardabweichung des Höhenunterschiedes ΔH

$$s_{\Delta H} = \sqrt{(\cot z \cdot s_S)^2 + \left(\frac{S}{\sin^2 z} \cdot s_z\,[\text{rad}] \right)^2 + s_i^2 + s_t^2}$$

s_S = *Standardabweichung der Strecke S*
s_z = *Standardabweichung des Zenitwinkels*
s_i = *Standardabweichung der Instrumentenhöhe*
s_t = *Standardabweichung der Zieltafelhöhe*

9.4.2 Höhenbestimmung über große Distanzen

Einfluss der Erdkrümmung

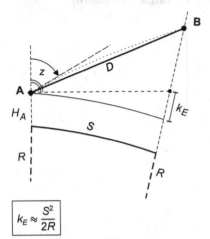

$$k_E \approx \frac{S^2}{2R}$$

H_A = Höhe des Punktes A
R = Erdradius 6380 km

Einfluss der Refraktion

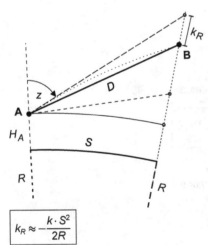

$$k_R \approx -\frac{k \cdot S^2}{2R}$$

H_A = Höhe des Punktes A
R = Erdradius 6380 km
k = Refraktionskoeffizient
$k \approx 0,13$ für Zielstrahlhöhen von >20 m über Boden

Einseitige Zenitwinkelmessung

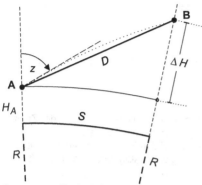

Gemessen: *Zenitwinkel z*
          Distanz D
          Instrumentenhöhe i
          Zieltafelhöhe t

Höhenbestimmung mit Distanz *D*

$$\Delta H = D \cdot \cos z + \frac{D^2 \cdot \sin^2 z}{2R} \cdot (1 - k) + i - t$$

Strecke *S* im Bezugshorizont für *S* > 10 km

$$S = R \cdot \arctan\left(\frac{D \cdot \sin z}{R + H_A + D \cdot \cos z}\right)[\text{rad}]$$

Höhenbestimmung mit Strecke *S* im Bezugshorizont

$$\Delta H = \left(1 + \frac{H_A}{R}\right) \cdot S \cdot \cot z + \frac{S^2}{2R \cdot \sin^2 z} \cdot (1 - k) + i - t$$

H_A = *Höhe des Punktes A*
R = *Erdradius 6380 km*
k = *Refraktionskoeffizient*
$k \approx 0,13$ *für Zielstrahlhöhen von* >20 m *über Boden*

Genauigkeit

Standardabweichung des Höhenunterschiedes ΔH

$$s_{\Delta H} = \sqrt{(\cos z \cdot s_D)^2 + (D \cdot \sin z \cdot s_z [\text{rad}])^2 + \left(\frac{D^2}{2R} \cdot s_k\right)^2 + s_i^2 + s_t^2}$$

s_D = *Standardabweichung der Distanz D*
s_z = *Standardabweichung des Zenitwinkels*
s_i = *Standardabweichung der Instrumentenhöhe*
s_t = *Standardabweichung der Zieltafelhöhe*
s_k = *Standardabweichung des Refraktionskoeffizienten*

Gegenseitig gleichzeitige Zenitwinkelmessung

Bestimmung von ΔH ohne Kenntnis der Refraktion

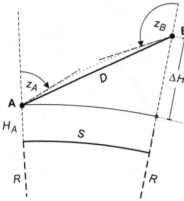

Hinweise für die Beobachtung der Zenitwinkel:
- gleichzeitig beobachten
- bei stabilen Refraktionsverhältnissen
- bei gleichmäßig durchmischter Luft

Gemessen: *Zenitwinkel z_A, z_B*
Distanz D
Instrumentenhöhen i_A, i_B

Höhenbestimmung mit Distanz D

$$\Delta H = D \cdot \sin\left(\frac{z_B - z_A}{2}\right) + i_A - i_B$$

Höhenbestimmung mit Strecke S im Bezugshorizont

$$\Delta H = \left(1 + \frac{H_A}{R}\right) \cdot \frac{S}{2} \cdot (\cot z_A - \cot z_B) + i_A - i_B$$

R = Erdradius 6380 km
H_A *= Höhe des Punktes A*

Ermittlung des Refraktionskoeffizienten k

$$k = 1 - (z_A + z_B - 200 \,\text{gon}) \cdot \frac{\pi}{200} \cdot \frac{R}{S}$$

R = Erdradius 6380 km
S = Strecke

Diese Art der Bestimmung des Refraktionskoeffizienten k ist sehr unsicher, da die Messfehler in den Zenitwinkeln z den Refraktionskoeffizienten sehr stark beeinflussen.

Genauigkeit

Standardabweichung des Refraktionskoeffizienten

$$s_k = \frac{R \cdot \sqrt{2}}{S} \cdot s_z \,[\text{rad}]$$ s_z *= Standardabweichung des Zenitwinkels*

9.4.3 Trigonometrisches Nivellement

$s_r \approx s_v \leq 250$ m

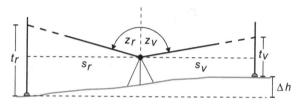

Höhenunterschied $\boxed{\Delta h_{Trig} = \text{Vorblick - Rückblick}}$

$$\Delta h = s_v \cdot \cot z_v - s_r \cdot \cot z_r + (t_r - t_v)$$

$t_r = t_v:$ $\boxed{\Delta h = s_v \cdot \cot z_v - s_r \cdot \cot z_r}$

Höhenbestimmung einer trigonometrischen Niv-Strecke $\boxed{\Delta H = \sum \Delta h_i}$

Genauigkeit

Standardabweichung des Einzelhöhenunterschieds

$$\boxed{s_{\Delta h_i} = \sqrt{2\left((\cot z \cdot s_s)^2 + \left(\frac{s}{\sin^2 z} \cdot s_z [\text{rad}]\right)^2 + s_t^2\right)}} \quad z_r \approx z_{v'}, \quad s_r \approx s_v$$

$s_s = s_{s_r} = s_{s_v} = $ *Standardabweichung der Strecken s*
$s_z = s_{z_r} = s_{z_v} = $ *Standardabweichung der Zenitwinkel*
$s_t = s_{t_r} = s_{t_v} = $ *Standardabweichung der Zieltafelhöhe*

Standardabweichung einer trigonometrischen Niv-Strecke

$$\boxed{s_{\Delta H} = \sqrt{n \cdot s_{\Delta h}^2}}$$

$s_{\Delta h} = s_{\Delta h_1} = s_{\Delta h_2} = ...$
$n = $ *Anzahl der Einzelhöhenunterschiede*

9.4.4 Turmhöhenbestimmung

Horizontales Hilfsdreieck

Aufriss   Grundris

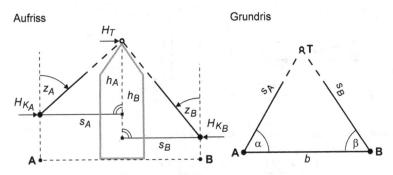

Gegeben: *Höhen der Kippachsen* H_{K_A}, H_{K_B}
Gemessen: *Horizontalwinkel* α, β
              Basis b   b auf Millimeter messen
              Zenitwinkel z_A, z_B z genauer messen als α, β, da α, β jeweils
                                          Differenz zweier Horizontalrichtungen

$$s_A = b \cdot \frac{\sin \beta}{\sin(\alpha + \beta)}$$ $$s_B = b \cdot \frac{\sin \alpha}{\sin(\alpha + \beta)}$$

$$h_A = s_A \cdot \cot z_A$$ $$h_B = s_B \cdot \cot z_B$$

$$H_{T_A} = H_{K_A} + h_A$$ $$H_{T_B} = H_{K_B} + h_B$$ $$H_T = \frac{H_{T_A} + H_{T_B}}{2}$$

Genauigkeit

Standardabweichung der gemittelten Höhe H_T, wenn:

$s_A \approx s_B \approx s$, $\alpha \approx \beta$, $z_A \approx z_B$, $h_A \approx h_B$ und H_{K_A}, H_{K_B} fehlerfrei

$$s_{H_T} = \sqrt{\left(\frac{h_A}{b} \cdot s_b \right)^2 + \left(\frac{h_A}{\sqrt{2}} \tan \alpha \cdot s_\alpha [\text{rad}] \right)^2 + \left(\frac{\sqrt{2} \cdot h_A}{\sin^2 z_A} \cdot s_z [\text{rad}] \right)^2}$$

      s_b = *Standardabweichung der Strecke b*
$s_\alpha = s_\beta$ = *Standardabweichung der Horizontalwinkel*
      s_z = *Standardabweichung der Zenitwinkel*

Um die **Forderung** $b \approx 2s$; $z \approx 50$ gon zu erfüllen müsste aber mit einem Steilsicht-prisma oder einem Zenitokular gemessen werden.
Hinweis:
Neuerdings kann man auch einfach einen Videotachymeter mit Displayanzielung verwenden.

Vertikales Hilfsdreieck

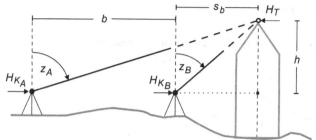

Gegeben: *Höhen der Kippachsen* H_{K_A}, H_{K_B}

Gemessen: *Basis b*

Zenitwinkel z_A, z_B

Günstige Anordnung: $H_{K_A} \approx H_{K_B}$ **Forderung:**

$b \approx 2h \Rightarrow z_A \approx 80\,\text{gon}$ b auf Millimeter messen

$s_b \approx h \Rightarrow z_B \approx 50\,\text{gon}$ z_A doppelt so genau wie z_B messen

wobei $h \approx H_T - H_{K_A} \approx H_T - H_{K_B}$

$$s_b = \frac{b \cdot \cot z_A + H_{K_A} - H_{K_B}}{\cot z_B - \cot z_A}$$

$$H_{T_A} = H_{K_A} + (b + s_b) \cdot \cot z_A \qquad H_{T_B} = H_{K_B} + s_b \cdot \cot z_B \qquad H_T = \frac{H_{T_A} + H_{T_B}}{2}$$

Die schleifenden Schnitte der Zielstrahlen lassen sich vermeiden, wenn der Turm zwischen den Theodolitstandpunkten liegt.

Ist die Strecke b nicht direkt messbar, kann b indirekt ermittelt werden. (siehe Abschnitt 7.1.3 Exzentrische Streckenmessung)

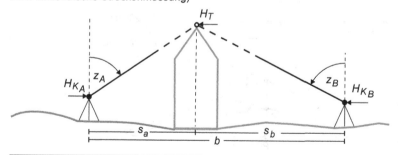

$$s_a = \frac{H_{K_B} - H_{K_A} + b \cdot \cot z_B}{\cot z_A + \cot z_B} \qquad s_b = b - s_a$$

$$H_{T_A} = H_{K_A} + s_a \cdot \cot z_A \qquad H_{T_B} = H_{K_B} + s_b \cdot \cot z_B \qquad H_T = \frac{H_{T_A} + H_{T_B}}{2}$$

10 Ingenieurvermessung

10.1 Absteckung von Geraden - Zwischenpunkt in einer Geraden

Mit unzugänglichen oder gegenseitig nicht sichtbaren Endpunkten

Gemessen: *Winkel* α *a* und *b* Näherungswerte

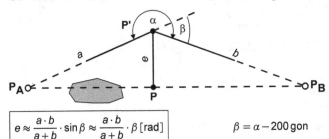

$$e \approx \frac{a \cdot b}{a+b} \cdot \sin\beta \approx \frac{a \cdot b}{a+b} \cdot \beta \, [\text{rad}]$$

$$\beta = \alpha - 200 \,\text{gon}$$

Bei unbekanntem *a* und *b*

Gemessen: *Winkel* α', α''
        Strecke e

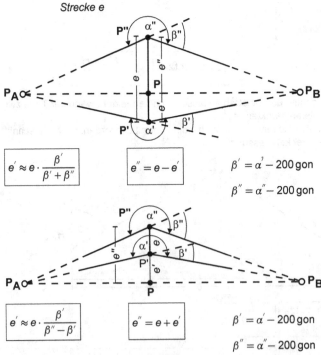

$$e' \approx e \cdot \frac{\beta'}{\beta' + \beta''}$$

$$e'' = e - e'$$

$$\beta' = \alpha' - 200 \,\text{gon}$$

$$\beta'' = \alpha'' - 200 \,\text{gon}$$

$$e' \approx e \cdot \frac{\beta'}{\beta'' - \beta'}$$

$$e'' = e + e'$$

$$\beta' = \alpha' - 200 \,\text{gon}$$

$$\beta'' = \alpha'' - 200 \,\text{gon}$$

© Springer Fachmedien Wiesbaden GmbH, ein Teil von Springer Nature 2022
F. J. Gruber und R. Joeckel, *Formelsammlung für das Vermessungswesen*,
https://doi.org/10.1007/978-3-658-37873-8_10

10.2 Kreisbogenabsteckung

10.2.1 Allgemeine Formeln

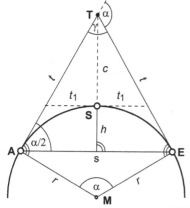

Bogenanfang **A**
Bogenende **E**
Bogenscheitel **S**
Mittelpunkt **M**
Tangentenschnitt **T**

Bogenlänge	$b = r \cdot \alpha \, [\text{rad}]$	
Tangente	$t = r \cdot \tan \dfrac{\alpha}{2}$	
Scheiteltangente	$t_1 = r \cdot \tan \dfrac{\alpha}{4}$	
Pfeilhöhe	$h = r \left(1 - \cos \dfrac{\alpha}{2} \right)$	$(c + r) \cdot \sin \dfrac{\alpha}{2} = t$
Scheitelabstand	$c = r \cdot \tan \dfrac{\alpha}{2} \cdot \tan \dfrac{\alpha}{4}$	$h + r \cdot \cos \dfrac{\alpha}{2} = r$
Sehne	$s = 2r \cdot \sin \dfrac{\alpha}{2}$	
Zentriwinkel	$\alpha = 200 \, \text{gon} - \gamma$	
Radius	$r = \dfrac{s^2}{8h} + \dfrac{h}{2}$	
Tangentenfläche ($\triangle ATE$ - Kreisabschnitt)	$F_T = r^2 \cdot \left(\tan \dfrac{\alpha}{2} - \dfrac{\alpha}{2} \, [\text{rad}] \right)$	
Kreisausschnitt (Sektor)	$F = \dfrac{\alpha}{2} \, [\text{rad}] \cdot r^2$	
Kreisabschnitt (Segment)	$F = \dfrac{r^2}{2} \cdot (\alpha \, [\text{rad}] - \sin \alpha)$	

10.2.2 Bestimmung des Tangentenschnittwinkels γ

Richtungen der Tangenten und der Radius sind bekannt

Tangentenschnitt T zugänglich

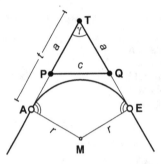

Winkel γ mit dem Theodolit messen
oder
Strecken a und c messen
und Winkel γ berechnen

$$\gamma = 2 \cdot \arcsin \frac{c}{2a}$$

Tangentenschnitt T nicht zugänglich

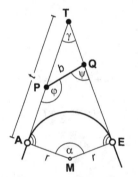

Winkel ψ, φ mit dem Theodolit messen

$$\gamma = \varphi + \psi - 200 \, \text{gon}$$

Hilfsstrecke b direkt messen

$$\overline{PT} = \sin \psi \cdot \frac{b}{\sin \gamma} \qquad \overline{QT} = \sin \varphi \cdot \frac{b}{\sin \gamma}$$

$$\overline{AP} = t - \overline{PT} \qquad \overline{EQ} = t - \overline{QT}$$

$$t = r \cdot \tan \frac{\alpha}{2} \qquad \alpha = 200 \, \text{gon} - \gamma$$

Alternativ: Hilfsstrecke b indirekt bestimmen mit Polygonzug von P nach Q

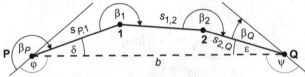

- Brechungswinkel β_i und Strecken s_i messen
- Berechnung des Polygonzuges im örtlichen Koordinatensystem ohne Richtungsan-
und -abschluss (siehe auch Abschnitt 7.4.3)
- Strecke b und die Winkel δ und ϵ aus den Koordinaten der Punkte P, 1, 2, Q berechnen

$$\varphi = 400 \, \text{gon} - \beta_P - \delta \qquad \psi = 200 \, \text{gon} - \beta_Q - \epsilon$$

10.2.3 Kreisbogen durch einen Zwangspunkt P

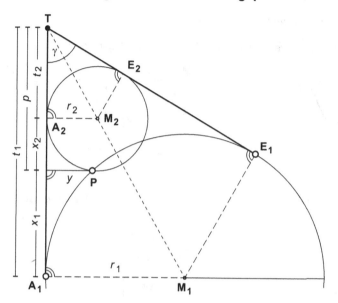

1. Beide Tangentenrichtungen bekannt

Ordinate y und Abszisse p gemessen

$$x_{1/2} = y \cdot \tan\frac{\gamma}{2} \pm \sqrt{\left(y \cdot \tan\frac{\gamma}{2}\right)^2 + 2p \cdot \left(y \cdot \tan\frac{\gamma}{2}\right) - y^2}$$ Zwei Lösungen möglich

Tangente $t_{1/2} = p + x_{1/2}$

Radius $r_{1/2} = t_{1/2} \cdot \tan\frac{\gamma}{2}$

Probe: $x^2 + y^2 = 2ry$

2. Eine Tangentenrichtung und der Radius r bekannt

Ordinate y und Abszisse p gemessen

$$x_{1/2} = \pm\sqrt{r^2 - (r-y)^2}$$ Zwei Lösungen möglich

Tangente $t_1 = p + x_{1/2}$

10.2.4 Absteckung von Kreisbogenkleinpunkten

Orthogonale Absteckung von der Tangente

1. mit gleichen Abszissenunterschieden Δx 2. mit gleichen Bogenlängen Δb

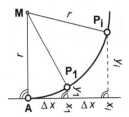

$x_i = i \cdot \Delta x$ $i = 1 \ldots n$

$\qquad\qquad$ $n = $ Anzahl der Δx

$$y_i = r - \sqrt{r^2 - x_i^2}$$

$y_i \approx \dfrac{x_i^2}{2r}$ Näherungsformel

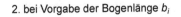

$\omega_i = i \cdot \omega$ $i = 1 \ldots n$

$\qquad\qquad$ $n = $ Anzahl der Δb

$$\omega\,[\text{rad}] = \frac{\Delta b}{r}; \quad \omega\,[\text{gon}] = \frac{\Delta b}{r} \cdot \frac{200}{\pi}$$

$$y_i = r - r \cdot \cos \omega_i$$

$$x_i = r \cdot \sin \omega_i$$

Orthogonale Absteckung von der Sehne

1. bei Vorgabe von Abszissen x_i 2. bei Vorgabe der Bogenlänge b_i

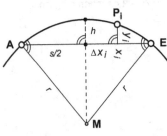

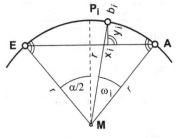

$\Delta x_i = x_i - \dfrac{s}{2}$ $h = r - \sqrt{r^2 - \dfrac{s^2}{4}}$

$$y_i = \sqrt{r^2 - \Delta x_i^2} - \sqrt{r^2 - \frac{s^2}{4}}$$

$\omega_i[\text{rad}] = \dfrac{b_i}{r}; \quad \omega_i[\text{gon}] = \dfrac{b_i}{r} \cdot \dfrac{200}{\pi}$

$$y_i = r \cdot \left(\cos\left(\omega_i - \frac{\alpha}{2}\right) - \cos\frac{\alpha}{2} \right)$$

$$x_i = r \cdot \left(\sin\left(\omega_i - \frac{\alpha}{2}\right) + \sin\frac{\alpha}{2} \right)$$

Absteckung nach der Sehnen-Tangenten-Methode

Polare Kreisbogenabsteckung durch Angabe der Richtungen r_i vom Standpunkt E und Messen der aufeinanderfolgenden Sehnen.
Es soll immer von A nach E abgesteckt werden.

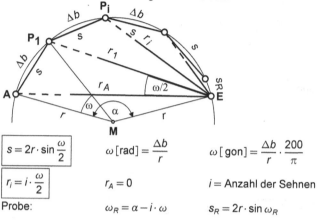

$$\boxed{s = 2r \cdot \sin \frac{\omega}{2}} \qquad \omega\,[\text{rad}] = \frac{\Delta b}{r} \qquad \omega\,[\text{gon}] = \frac{\Delta b}{r} \cdot \frac{200}{\pi}$$

$$\boxed{r_i = i \cdot \frac{\omega}{2}} \qquad r_A = 0 \qquad i = \text{Anzahl der Sehnen}$$

Probe: $\qquad \omega_R = \alpha - i \cdot \omega \qquad s_R = 2r \cdot \sin \omega_R$

Absteckung mit Hilfe eines Sehnenpolygons

Fortlaufende Kreisbogenabsteckung im Trassenverlauf mit polaren Absteckelementen

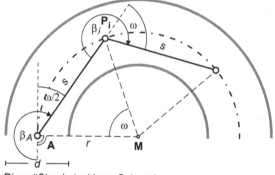

Die größte absteckbare Sehnenlänge:

$$\boxed{s_{\max} = 2 \cdot \sqrt{r^2 - (r-d)^2}} \quad d = \text{Stollenbreite}$$

$$\boxed{\omega = 2 \cdot \arcsin \frac{s}{2r}}$$

$$\beta_A = 200\,\text{gon} + \frac{\omega}{2} \qquad \beta_i = 200\,\text{gon} + \omega$$

Wegen der fortgesetzten Verlängerung des Polygonzuges ohne Richtungs- und Koordinatenabschluss ergibt sich mit wachsender Punktzahl eine schnell anwachsende Lageunsicherheit.

10.2.5 Näherungsverfahren

Genähertes Absetzen von der Tangente

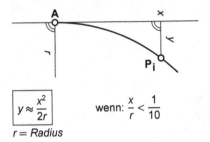

$$y \approx \frac{x^2}{2r}$$

wenn: $\frac{x}{r} < \frac{1}{10}$

$r = Radius$

Genähertes Absetzen von der Sekante

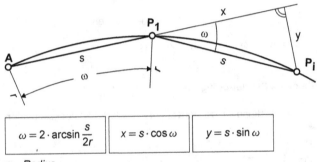

$$\omega = 2 \cdot \arcsin \frac{s}{2r} \qquad x = s \cdot \cos \omega \qquad y = s \cdot \sin \omega$$

$r = Radius$

Viertelmethode

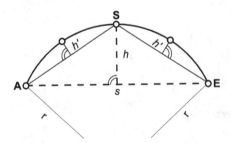

Streng: $h = r - \sqrt{r^2 - \frac{s^2}{4}}$ Genähert: $h' \approx \frac{1}{4} \cdot h$ falls: $s < \frac{1}{5}r$

$r = Radius$

Einrückmethode

für Zwischenpunkte zwischen zwei Bogenpunkten bei flachen Bögen $x \approx b$

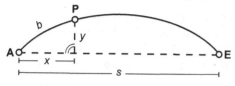

$$\boxed{y \approx \frac{x(s-x)}{2r}}$$

$r = Radius$

10.2.6 Kontrollen der Kreisbogenabsteckung

Pfeilhöhenmessung

am Bogenanfang bzw. - ende

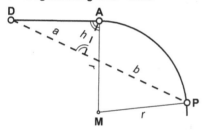

$$\boxed{h = \frac{a \cdot b^2}{2r \cdot (a+b)}}$$

$r = Radius$

im Kreisabschnitt für flache Bögen

für gleiche Bogenlängen / bei gleichen Sehnen

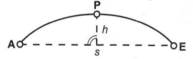

$$\boxed{h \approx \frac{s^2}{8r}}$$

$r = Radius$

für ungleiche Bogenlängen

$$\boxed{h \approx \frac{a \cdot b}{2r}}$$

$r = Radius$

10.2.7 Korbbogen

Dreiteiliger Korbbogen

Der dreiteilige Korbbogen wird bei Straßeneinmündungen angewendet.
Nach den "Richtlinien für die Anlage von Landstraßen, Teil III: Knotenpunkte (RAS-K1)"verhalten sich die Radien wie folgt: $r_1 : r_2 : r_3 = 2 : 1 : 3$

Die Zentriwinkel der Kreisbögen sind $\alpha_1 = 17,5\,\text{gon}$, $\alpha_3 = 22,5\,\text{gon}$

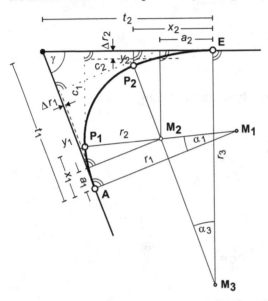

$$\boxed{y_1 = r_1 \cdot (1 - \cos \alpha_1)}$$

$$\boxed{y_2 = r_3 \cdot (1 - \cos \alpha_3)}$$

$$\boxed{x_1 = r_1 \cdot \sin \alpha_1}$$

$$\boxed{x_2 = r_3 \cdot \sin \alpha_3}$$

$$\Delta r_1 = y_1 - r_2 \cdot (1 - \cos \alpha_1)$$

$$\Delta r_2 = y_2 - r_2 \cdot (1 - \cos \alpha_3)$$

$$a_1 = x_1 - r_2 \cdot \sin \alpha_1$$

$$a_2 = x_2 - r_2 \cdot \sin \alpha_3$$

$$c_1 = (r_2 + \Delta r_2) + (r_2 + \Delta r_1) \cdot \cos \gamma$$

$$c_2 = (r_2 + \Delta r_1) + (r_2 + \Delta r_2) \cdot \cos \gamma$$

$$\boxed{t_1 = a_1 + \frac{c_1}{\sin \gamma}}$$

$$\boxed{t_2 = a_2 + \frac{c_2}{\sin \gamma}}$$

10.3 Klotoide

Die Klotoide ist eine Kurve, deren Krümmung k stetig mit der Bogenlänge L wächst.

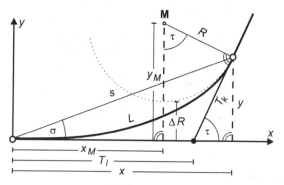

Krümmung

$$k = \frac{1}{R} = \frac{L}{A^2}$$

Grundformel

$$A^2 = L \cdot R$$

Grundgleichungen zwischen den Bestimmungsstücken

Parameter A

$$A = \sqrt{L \cdot R} = \frac{L}{\sqrt{2\tau}} = R \cdot \sqrt{2\tau}$$

Radius

$$R = \frac{A^2}{L} = \frac{L}{2\tau} = \frac{A}{\sqrt{2\tau}}$$

Bogenlänge

$$L = \frac{A^2}{R} = 2\tau \cdot R = A \cdot \sqrt{2\tau}$$

Tangentenwinkel

$$\tau = \frac{L}{2R} = \frac{L^2}{2A^2} = \frac{A^2}{2R^2}$$

Einheitsklotoide

Alle Klotoiden sind einander ähnlich.

Aus der Einheitsklotoide mit dem Parameter $A = 1$ lassen sich die Elemente anderer Klotoiden mit dem Parameter A als Vergrößerungsfaktor berechnen:

$R = r \cdot A$

$$L = l \cdot A$$

Bestimmungsstücke der Einheitsklotoide

Koordinaten eines Klotoidenpunktes

$$y = \sqrt{2\tau} \cdot \sum_{n=1}^{\infty} (-1)^{n+1} \cdot \frac{\tau^{2n-1}}{(4n-1)(2n-1)!}$$

$$x = \sqrt{2\tau} \cdot \sum_{n=1}^{\infty} (-1)^{n+1} \cdot \frac{\tau^{2n-2}}{(4n-3)(2n-2)!}$$

Näherungsformeln für $0 \leq l \leq 1$ und sechsstellige Genauigkeit

$$y = \left[\left(42410^{-1} \cdot l^4 - 336^{-1} \right) \cdot l^4 + 6^{-1} \right] \cdot l^3$$

$$x = \left[\left(3474{,}1^{-1} \cdot l^4 - 40^{-1} \right) \cdot l^4 + 1 \right] \cdot l$$

$$l = \frac{L}{A}$$

Koordinaten des Krümmungsmittelpunktes

$$y_M = y + r \cdot \cos \tau$$

$$x_M = y - r \cdot \sin \tau$$

Tangentenabrückung $\quad \boxed{\Delta r = y_M - r = y + r \cdot (\cos \tau - 1)} \quad \Delta R = \Delta r \cdot A$

lange Tangente $\quad \boxed{t_l = x - y \cdot \cot \tau} \qquad\qquad T_l = t_l \cdot A$

kurze Tangente $\quad \boxed{t_k = \dfrac{y}{\sin \tau}} \qquad\qquad\quad T_k = t_k \cdot A$

Klotoidensehne $\quad \boxed{s = \sqrt{x^2 + y^2}} \qquad\qquad\quad S = s \cdot A$

Richtungswinkel $\quad \boxed{\sigma = \arctan \dfrac{y}{x}}$

Längenunterschied zwischen Klotoidenbogen und Klotoidensehne $\quad \boxed{B - S \approx \dfrac{B^3}{24R^2}}$

$B = $ *Klotoidenbogenlänge*
$S = $ *Klotoidensehne*
$R = $ *Radius*

10.4 Verbundkurve Klotoide - Kreisbogen - Klotoide

Symmetrisch

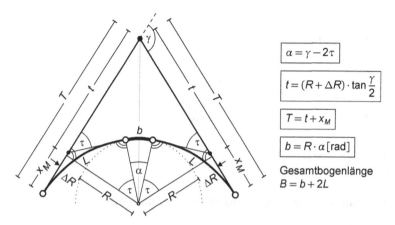

$$\alpha = \gamma - 2\tau$$

$$t = (R + \Delta R) \cdot \tan \frac{\gamma}{2}$$

$$T = t + x_M$$

$$b = R \cdot \alpha \,[\text{rad}]$$

Gesamtbogenlänge
$$B = b + 2L$$

Unsymmetrisch

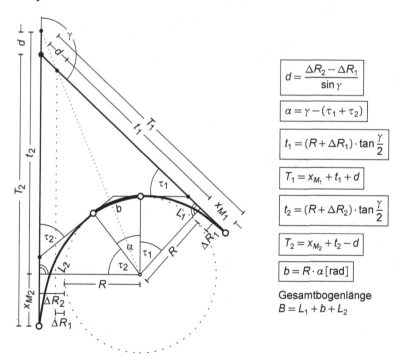

$$d = \frac{\Delta R_2 - \Delta R_1}{\sin \gamma}$$

$$\alpha = \gamma - (\tau_1 + \tau_2)$$

$$t_1 = (R + \Delta R_1) \cdot \tan \frac{\gamma}{2}$$

$$T_1 = x_{M_1} + t_1 + d$$

$$t_2 = (R + \Delta R_2) \cdot \tan \frac{\gamma}{2}$$

$$T_2 = x_{M_2} + t_2 - d$$

$$b = R \cdot \alpha \,[\text{rad}]$$

Gesamtbogenlänge
$$B = L_1 + b + L_2$$

10.5 Gradiente

10.5.1 Längsneigung

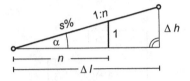

$$s[\%] = \frac{\Delta h}{\Delta l} \cdot 100 = 100 \cdot \tan \alpha$$

$\Delta h > 0$ Steigung
$\Delta h < 0$ Gefälle

$$\tan \alpha = \frac{1}{n} = \frac{\Delta h}{\Delta l} = \frac{s}{100}$$

10.5.2 Schnittpunktberechnung zweier Gradienten

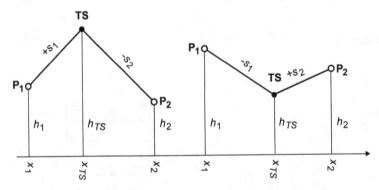

$$x_{TS} = \frac{(x_2 - x_1) \cdot \dfrac{s_2}{100} - (h_2 - h_1)}{\dfrac{s_2 - s_1}{100}} + x_1$$

$$h_{TS} = h_1 + \frac{s_1}{100} \cdot (x_{TS} - x_1)$$

$s_1, s_2 [\%] =$ Längsneigung: Steigung, positiv
Gefälle, negativ

10.5.3 Kuppen- und Wannenausrundung

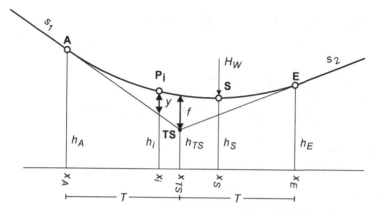

auf die Horizontale reduzierte Tangentenlänge		$T = \dfrac{\lvert H_{W,K}\rvert}{100}\cdot\left(\dfrac{s_2 - s_1}{2}\right)$
Ausrundungsanfang A	$x_A = x_{TS} - T$	$h_A = h_{TS} - T\cdot\dfrac{s_1}{100}$
Ausrundungsende E	$x_E = x_{TS} + T$	$h_E = h_{TS} + T\cdot\dfrac{s_2}{100}$
Bogenstich	$f = \dfrac{T^2}{2H_{W,K}}$	
Scheitelpunkt	$x_S = x_A - \dfrac{s_1\cdot H_{W,K}}{100}$	$h_S = h_A - \dfrac{(x_S - x_A)^2}{2H_{W,K}}$

Scheitelpunkt vorhanden, wenn: $\dfrac{s_2}{s_1} < 0$

Ordinate y an der Stelle x_i $\quad y = \dfrac{(x_i - x_A)^2}{2H_{W,K}}$

Höhe der Gradientenkleinpunkte x_i

$$h_i = h_S + \frac{(x_i - x_S)^2}{2H_{W,K}} = h_A + \frac{s_1}{100}\cdot(x_i - x_A) + \frac{(x_i - x_A)^2}{2H_{W,K}}$$

$TS =$ Tangentenschnittpunkt
$A =$ Ausrundungsanfang
$E =$ Ausrundungsende
$S =$ Scheitelpunkt
$H_W =$ Halbmesser Wanne, positiv
$H_K =$ Halbmesser Kuppe, negativ
$s_1, s_2\,[\%] =$ Längsneigung: Steigung, positiv
$\qquad\qquad$ Längsneigung: Gefälle, negativ

10.6 Erdmengenberechnung

10.6.1 Mengenberechnung aus Querprofilen

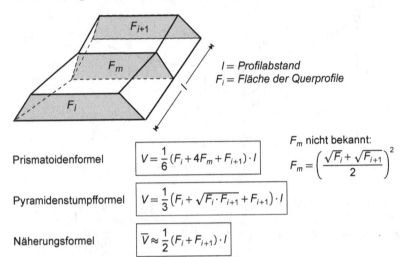

$l = $ Profilabstand
$F_i = $ Fläche der Querprofile

Prismatoidenformel

$$V = \frac{1}{6}(F_i + 4F_m + F_{i+1}) \cdot l$$

F_m nicht bekannt:

$$F_m = \left(\frac{\sqrt{F_i} + \sqrt{F_{i+1}}}{2} \right)^2$$

Pyramidenstumpfformel

$$V = \frac{1}{3}(F_i + \sqrt{F_i \cdot F_{i+1}} + F_{i+1}) \cdot l$$

Näherungsformel

$$\overline{V} \approx \frac{1}{2}(F_i + F_{i+1}) \cdot l$$

Mit der Näherungsformel wird das Volumen stets zu groß erhalten.

Guldinsche Regel $V = $ Querschnittsfläche * Weg des Schwerpunktes

$$V = \frac{1}{2}(F_i + F_{i+1}) \cdot l \cdot k_m$$ $l = $ Profilabstand in der Achse

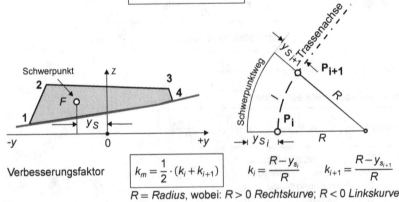

Verbesserungsfaktor $\quad \boxed{k_m = \frac{1}{2} \cdot (k_i + k_{i+1})} \quad k_i = \frac{R - y_{s_i}}{R} \quad k_{i+1} = \frac{R - y_{s_{i+1}}}{R}$

$R = Radius$, wobei: $R > 0$ *Rechtskurve*; $R < 0$ *Linkskurve*

Schwerpunktsabstand von der Achse

$$y_S = \frac{1}{6F} \sum_{j=1}^{n} \left(y_j{}^2 + y_j \cdot y_{j+1} + y_{j+1}{}^2 \right) \cdot \left(z_j - z_{j+1} \right)$$

$F = $ Querschnittsfläche
$n = $ Anzahl der Eckpunkte einer Fläche

Komplexe Berechnung von Mengen aus Querprofilen

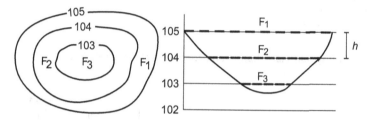

$$V = \frac{1}{2}S_n(F_{n-1} + F_n) + \frac{1}{2}\sum_{i=1}^{n-1}S_i(F_{i-1} - F_{i+1})$$

S_i = Stationierung, wobei $S_0 = 0$
F_i = Fläche der Querprofile
n = Anzahl der Querprofile ohne S_0

10.6.2 Mengenberechnung aus Höhenlinien

$$V = \frac{h}{3}(F_1 + F_n + 4(F_2 + F_4 + \ldots) + 2(F_3 + F_5 + \ldots))$$

ungerade Flächenanzahl notwendig;

sind nur zwei Flächen vorhanden: $F_2 = \left(\dfrac{\sqrt{F_1} + \sqrt{F_n}}{2}\right)^2$

Näherungsformel	$V = \dfrac{h}{2} \cdot (F_1 + F_n + 2(F_2 + F_3 + \ldots + F_{n-1}))$
Dreiachtel - Regel für 4 Flächen	$V = \dfrac{3}{8} \cdot h \cdot (F_1 + 3F_2 + 3F_3 + F_4)$
Regel für 7 Flächen nach Weddle	$V = \dfrac{3}{10} \cdot h \cdot (F_1 + 5F_2 + F_3 + 6F_4 + F_5 + 5F_6 + F_7)$

h = Abstand zwischen zwei Höhenlinien (Schichthöhe)
F_i = Schichtfläche

10.6.3 Mengenberechnung aus Prismen

Mengenberechnung aus Dreiecksprismen

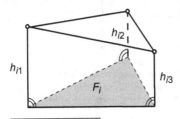

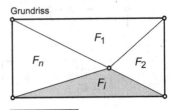

Grundriss

$$h_i = \frac{h_{i1} + h_{i2} + h_{i3}}{3}$$

$$V = \sum_{i=1}^{n} F_i \cdot h_i$$

F_i = Fläche der Dreiecke
n = Anzahl der Dreiecke

Mengenberechnung aus Viereckprismen (Rostrechtecke oder Rostquadrate)

Grundriss

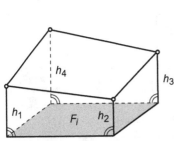

Rostpunktgewichte

$$h_m = \frac{\sum\limits_{i=1}^{j} (g_i \cdot h_i)}{4 \cdot n}$$

$$V = n \cdot F_i \cdot h_m$$

h_i = Rostpunkthöhen
g_i = Rostpunktgewichte
    Eckpunkt: Gewicht 1
    Randpunkt: Gewicht 2
    Randinneneckpunkt: Gewicht 3
    Innenpunkt: Gewicht 4
F_i = Fläche der Rostrechtecke oder -quadrate
$F = n \cdot F_i$ = Gesamtfläche
n = Anzahl der Quadrate oder Rechtecke
j = Anzahl der Rostpunkte

10.6.4 Mengenberechnung einer Rampe

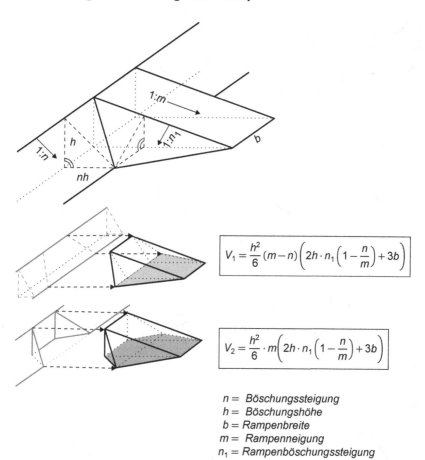

$$V_1 = \frac{h^2}{6}(m-n)\left(2h \cdot n_1\left(1-\frac{n}{m}\right) + 3b\right)$$

$$V_2 = \frac{h^2}{6} \cdot m\left(2h \cdot n_1\left(1-\frac{n}{m}\right) + 3b\right)$$

$n =$ Böschungssteigung
$h =$ Böschungshöhe
$b =$ Rampenbreite
$m =$ Rampenneigung
$n_1 =$ Rampenböschungssteigung

10.6.5 Mengenberechnung sonstiger Figuren

Dreiseitprisma

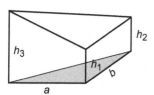

$$V = \frac{a \cdot b}{2} \cdot \frac{1}{3}(h_1 + h_2 + h_3)$$

Vierseitprisma

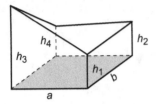

$$V \approx a \cdot b \cdot \frac{1}{4}(h_1 + h_2 + h_3 + h_4)$$

Pyramide

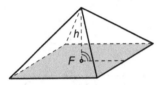

$$V = \frac{1}{3}F \cdot h$$

Pyramidenstumpf

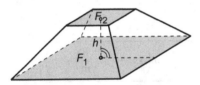

$$V = \frac{h}{3}\left(F_1 + F_2 + \sqrt{F_1 \cdot F_2}\right)$$

Kegel

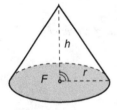

$$V = \frac{1}{3}F \cdot h = \frac{\pi}{3} \cdot r^2 \cdot h$$

Kegelstumpf

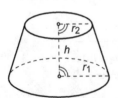

$$V = \frac{\pi}{3} \cdot h\left(r_1^2 + r_2^2 + r_1 \cdot r_2\right)$$

Zylinder

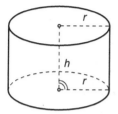

$$V = \pi \cdot r^2 \cdot h$$

Obelisk

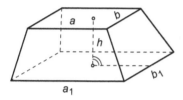

$$V = \frac{h}{6}\big((2a_1 + a)b_1 + (2a + a_1)b\big)$$

Grund- und Deckfläche sind im Abstand h parallel zueinander

Keil

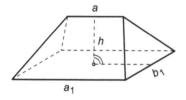

$$V = \frac{h}{6}(2a_1 + a)b_1$$

11 Ausgleichungsrechnung

11.1 Ausgleichung nach vermittelnden Beobachtungen - Allgemein

11.1.1 Aufstellen von Verbesserungsgleichungen

ursprüngliche Verbesserungsgleichung

> Beobachtung + Verbesserung = Funktion der Unbekannten; Gewicht
> l_i + v_i = $f_i(x_1, x_2, \ldots, x_u)$ p_i

$i = 1, 2, \ldots, n$ mit n = Anzahl der Beobachtungen
$k = 1, 2, \ldots, u$ mit u = Anzahl der Unbekannten

umgestellte Verbesserungsgleichung

$$v_i = f_i(x_1, x_2, \ldots, x_u) - l_i' = a_{i1} \cdot x_1 + a_{i2} \cdot x_2 + \ldots + a_{iu} \cdot x_u - l_i'$$

bei <u>linearen</u> Funktionen:
Absolutglied $l_i' = l_i$

bei <u>nicht linearen</u> Funktionen wird mit Hilfe der TAYLORschen Reihe die Gleichung linearisiert:
dazu werden Näherungswerte x_{0k} eingeführt
$x_k = x_{0k} + \Delta x_k$ wobei Δx_k durch eine differenzielle Größe dx_k ersetzt werden kann

$x_k = x_{0k} + dx_k$

$$f_i(x_k) = f_i(x_{0k} + dx_k) = f_i(x_{0k}) + \frac{\partial f_i(x_{0k})}{\partial x_{0k}} \cdot dx_k + \ldots$$

Koeffizienten (partielle Ableitungen) $a_{ik} = \dfrac{\partial f_i(x_{0k})}{\partial x_{0k}}$

Absolutglied $l_i' = l_i - f_i(x_{01}, x_{02}, \ldots, x_{0u}) = l_i - l_{0_i}$

<u>Matrizenschreibweise</u>

> $\mathbf{v} = \mathbf{A} \cdot \mathbf{x} - \mathbf{l'}; \mathbf{P}$ mit $\mathbf{l'} = \mathbf{l} - \mathbf{l}_0$

$\mathbf{v}$ = Verbesserungsvektor $\qquad v_i$ = Verbesserung
$\mathbf{A}$ = Koeffizientenmatrix $\qquad a_{ik}$ = Koeffizienten
$\mathbf{x}$ = Vektor der Unbekannten $\qquad x_k$ = Unbekannte
$\mathbf{l'}$ = Absolutgliedvektor $\qquad l_i'$ = Absolutglied
$\mathbf{P}$ = Gewichtsmatrix $\qquad p_i$ = Gewicht
$\quad$ Gewicht = 1: $\mathbf{P} = \mathbf{E}$(Einheitsmatrix) $\qquad$ Gewicht = 1: $p_i = 1$
$\mathbf{l}$ = Beobachtungsvektor $\qquad l_i$ = Beobachtungswert
$\mathbf{l}_0$ = Vektor der Näherungswerte der Beob- $\qquad l_{0_i}$ = Näherungswert des Beobach-
$\quad$ achtungen $\qquad\qquad$ tungswerts

© Springer Fachmedien Wiesbaden GmbH, ein Teil von Springer Nature 2022
F. J. Gruber und R. Joeckel, *Formelsammlung für das Vermessungswesen*,
https://doi.org/10.1007/978-3-658-37873-8_11

11.1.2 Berechnung der Normalgleichungen, der Unbekannten und der Kofaktorenmatrizen

Aus dem Minimum der Quadratsumme der Verbesserungen mit $\mathbf{v}^T\mathbf{P}\mathbf{v} = $ Minimum folgt:

Normalgleichungsmatrix $\qquad\qquad\qquad \mathbf{N} = \mathbf{A}^T \cdot \mathbf{P} \cdot \mathbf{A}$

h-Vektor $\qquad\qquad\qquad\qquad\qquad \mathbf{h} = \mathbf{A}^T \cdot \mathbf{P} \cdot \mathbf{l}'$

Vektor der Unbekannten $\qquad\qquad \mathbf{x} = \mathbf{N}^{-1} \cdot \mathbf{h} = (\mathbf{A}^T \cdot \mathbf{P} \cdot \mathbf{A})^{-1} \cdot \mathbf{A}^T \cdot \mathbf{P} \cdot \mathbf{l}'$

Direkte Berechnung $\mathbf{v}^T\mathbf{P}\mathbf{v} \qquad\quad \mathbf{v}^T \cdot \mathbf{P} \cdot \mathbf{v} = \mathbf{l}'^T \cdot \mathbf{P} \cdot \mathbf{l}' - \mathbf{h}^T \cdot \mathbf{x}$

Verbesserungsvektor $\qquad\qquad\quad \mathbf{v} = \mathbf{A} \cdot \mathbf{x} - \mathbf{l}'$

Ausgleichungsprobe $\qquad\qquad\quad \mathbf{A}^T \cdot \mathbf{P} \cdot \mathbf{v} = 0$

Vektor der ausgeglichenen Beobachtungen $\qquad \bar{\mathbf{l}} = \mathbf{l} + \mathbf{v} = \mathbf{A} \cdot \mathbf{x} + \mathbf{l}_0$

Kofaktorenmatrix der Unbekannten $\qquad \mathbf{Q}_{xx} = \mathbf{N}^{-1}$

Varianz-Kovarianzmatrix der Unbekannten $\qquad \mathbf{C}_{xx} = \dfrac{\mathbf{v}^T \cdot \mathbf{P} \cdot \mathbf{v}}{n-u} \cdot \mathbf{Q}_{xx}$

Kofaktorenmatrix der ausgeglichenen Beobach-tungen $\qquad \mathbf{Q}_{\bar{l}\bar{l}} = \mathbf{A} \cdot \mathbf{N}^{-1} \cdot \mathbf{A}^T = \mathbf{A} \cdot \mathbf{Q}_{xx} \cdot \mathbf{A}^T$

Varianz-Kovarianzmatrix der ausgeglichenen Beobachtungen $\qquad \mathbf{C}_{\bar{l}\bar{l}} = \dfrac{\mathbf{v}^T \cdot \mathbf{P} \cdot \mathbf{v}}{n-u} \cdot \mathbf{Q}_{\bar{l}\bar{l}}$

Kofaktorenmatrix der Verbesserungen $\qquad \mathbf{Q}_{vv} = \mathbf{P}^{-1} - \mathbf{A} \cdot \mathbf{N}^{-1} \cdot \mathbf{A}^T$

Varianz-Kovarianzmatrix der Verbesserungen $\qquad \mathbf{C}_{vv} = \dfrac{\mathbf{v}^T \cdot \mathbf{P} \cdot \mathbf{v}}{n-u} \cdot \mathbf{Q}_{vv}$

Redundanzmatrix $\qquad\qquad\quad \mathbf{R} = \mathbf{Q}_{vv} \cdot \mathbf{P} = \mathbf{E} - \mathbf{A} \cdot \mathbf{N}^{-1} \cdot \mathbf{A}^T \cdot \mathbf{P}$

11.1.3 Genauigkeit

Standardabweichung der Gewichtseinheit (**a posteriori**)

$$\bar{s}_0 = \sqrt{\frac{\mathbf{v}^T \cdot \mathbf{P} \cdot \mathbf{v}}{n-u}}$$

$n = $ *Anzahl der Beobachtungen*
$u = $ *Anzahl der Unbekannten*

Standardabweichung der Unbekannten x_i

$$s_{x_i} = \bar{s}_0 \cdot \sqrt{q_{x_i x_i}}$$

$q_{x_i x_i} = (\mathbf{Q}_{xx})_{ii} = $ i-tes Diagonalglied von $\mathbf{Q}_{xx}$

Standardabweichung der Beobachtung **vor** der Ausgleichung (**a priori**)

$$s_{l_i} = \frac{s_0}{\sqrt{p_i}}$$

$s_0 = $ *Standardabweichung a priori*
$p_i = $ *Gewicht der Beobachtung*

Standardabweichung der Beobachtung **nach** der Ausgleichung (**a posteriori**)

$$s_{\bar{l}_i} = \bar{s}_0 \cdot \sqrt{q_{\bar{l}_i \bar{l}_i}}$$

$q_{\bar{l}_i \bar{l}_i} = $ Diagonalglieder von $\mathbf{Q}_{\bar{l}\bar{l}} = \left(\mathbf{Q}_{\bar{l}\bar{l}}\right)_{ii}$

11.1.4 Statistische Überprüfung

Redundanzanteil einer Beobachtung $\boxed{r_i = (\mathbf{R})_{ii}}$

$(\mathbf{R})_{ii} =$ Diagonalglieder der Redundanzmatrix $\mathbf{R}$
Probe:
$\sum r_i = r = n - u$

EV-Wert einer Beobachtung $\boxed{EV_i[\%] = r_i \cdot 100}$

Normierte Verbesserung einer Beobachtung $\boxed{NV_i = \dfrac{|v_i|}{s_0\sqrt{q_{v_iv_i}}} = \dfrac{|v_i|}{s_{l_i}\sqrt{r_i}}}$

$s_0 =$ *Standardabweichung* **a priori**
$q_{v_iv_i} = (\mathbf{Q}_{vv})_{ii} =$ i-tes Diagonalglied von $\mathbf{Q}_{vv}$

11.2 Lagenetz - Ausgleichung mit beobachteten Strecken und Richtungen

Beobachtungen: $s_{ik} =$ *gemessene Strecke*
$\qquad\qquad\qquad r_{ik} =$ *gemessene Richtung*

Unbekannte: $y_i, x_i =$ *Koordinaten des Standpunkts* P_i
$\qquad\qquad\quad y_k, x_k =$ *Koordinaten des Zielpunkts* P_k
$\qquad\qquad\quad o_i =$ *Orientierungsunbekannte in* P_i

Verbesserungsgleichungen für Strecken und Richtungen

Strecke aus Näherungskoordinaten $s_{0ik} = \sqrt{(y_{0k} - y_{0i})^2 + (x_{0k} - x_{0i})^2}$

Richtungswinkel zum Näherungspunkt $t_{0ik} = \arctan\dfrac{y_{0k} - y_{0i}}{x_{0k} - x_{0i}}$

$y_{0i}, x_{0i} =$ *Näherungskoordinaten*
$y_{0k}, x_{0k} =$ *Näherungskoordinaten*

$\Delta y_i = y_i - y_{0i}$ $\Delta x_i = x_i - x_{0i}$ wenn $P_i =$ Festpunkt: $\Rightarrow \Delta x_i = \Delta y_i = 0$

$\Delta y_k = y_k - y_{0k}$ $\Delta x_k = x_k - x_{0k}$ wenn $P_k =$ Festpunkt: $\Rightarrow \Delta x_k = \Delta y_k = 0$

ausgeglichene Strecke $\bar{s}_{ik} = s_{ik} + v_{s_{ik}}$

nicht lineare Verbesserungsgleichung

$$v_{s_{ik}} = \sqrt{(x_k - x_i)^2 + (y_k - y_i)^2} - s_{ik}$$

linearisierte Verbesserungsgleichung

$$v_{s_{ik}} = -a_{1_{ik}} \cdot \Delta x_i - b_{1_{ik}} \cdot \Delta y_i + a_{1_{ik}} \cdot \Delta x_k + b_{1_{ik}} \cdot \Delta y_k - l'_{s_{ik}}$$

Streckenkoeffizienten $\quad a_{1_{ik}} = \cos t_{0ik} = \dfrac{x_{0k} - x_{0i}}{s_{0ik}}$

$$b_{1_{ik}} = \sin t_{0ik} = \dfrac{y_{0k} - y_{0i}}{s_{0ik}}$$

Absolutglied $\quad l'_{s_{ik}} = s_{ik} - s_{0ik}$

ausgeglichener Richtungswinkel [gon] $\quad \bar{t}_{ik} = r_{ik} + o_i + v_{r_{ik}}$

nicht lineare Verbesserungsgleichung

$$v_{r_{ik}}[\,\text{gon}\,] = \frac{200}{\pi} \cdot \arctan\left(\frac{y_k - y_i}{x_k - x_i}\right) - r_{ik} - o_i$$

linearisierte Verbesserungsgleichung

$$v_{r_{ik}}[\,\text{gon}\,] = -\Delta o_i - a_{2_{ik}} \cdot \Delta x_i - b_{2_{ik}} \cdot \Delta y_i + a_{2_{ik}} \cdot \Delta x_k + b_{2_{ik}} \cdot \Delta y_k - l'_{r_{ik}}$$

Richtungskoeffizienten $\quad a_{2_{ik}} = -\dfrac{\sin t_{0ik}}{s_{0ik}} \cdot \dfrac{200}{\pi} = -\dfrac{y_{0k} - y_{0i}}{s_{0ik}^2} \cdot \dfrac{200}{\pi}$

$$b_{2ik} = +\frac{\cos t_{0ik}}{s_{0ik}} \cdot \frac{200}{\pi} = +\frac{x_{0k} - x_{0i}}{s_{0ik}^2} \cdot \frac{200}{\pi}$$

Absolutglied $\quad l'_{r_{ik}} = o_{0i} - (t_{0ik} - r_{ik})$

Näherungswert der Orientierungsunbekannten $\quad o_{0i} = \dfrac{[t_{0ik} - r_{ik}]}{n}$

$o_i =$ *Orientierungsunbekannte in* P_i
$n =$ *Anzahl der Beobachtungen*

Gewichtung von Strecken- und Richtungsbeobachtungen

Genauigkeitsansatz bei der Streckenmessung

$$s_S^2 = a^2 + b^2 \cdot S^2$$

a = entfernungsunabhängiger Anteil (einschließlich Aufstellfehler in den
    Streckenendpunkten)
b = entfernungsabhängiger Anteil
S = Streckenlänge

Genauigkeitsansatz bei der Richtungsmessung

$$s_R^2 = s_r^2 + \left(\frac{c}{S} \cdot \frac{200}{\pi} \right)^2 + \left(\frac{d}{S} \cdot \frac{200}{\pi} \right)^2$$

s_r = Standardabweichung einer aus mehreren Sätzen gemittelten
    Richtung ohne Einfluss der Exzentrizitäten
c, d = Exzentrizitäten (Aufstellfehler) in den Endpunkten
S = Streckenlänge

Gewichtsansatz

$s_0^2 = s_S^2$ (für 1 km - Strecke) $p_{0_S} = 1$ $\boxed{p_{S_i} = \dfrac{s_0^2}{s_{S_i}^2}}$ $\boxed{p_{R_i} = \dfrac{s_0^2}{s_{R_i}^2}}$

oder

$s_0^2 = s_R^2$ (für 1 km lange Visur) $p_{0_R} = 1$ $\boxed{p_{R_i} = \dfrac{s_0^2}{s_{R_i}^2}}$ $\boxed{p_{S_i} = \dfrac{s_0^2}{s_{S_i}^2}}$

s_0 = Standardabweichung der Gewichtseinheit
s_{R_i} = Standardabweichungen der Richtungen
s_{S_i} = Standardabweichungen der Strecken

**Berechnung der Normalgleichungen, der Gewichtsreziproken und der
Unbekannten $\Delta x, \Delta y, \Delta o$**

(siehe Abschnitt 11.1.2, Berechnung der Normalgleichungen, der Unbekannten und
der Kofaktorenmatrizen)

Koordinaten von P_i bzw. P_k , Orientierungsunbekannte o

$\boxed{y_i = y_{0i} + \Delta y_i}$ $\boxed{x_i = x_{0i} + \Delta x_i}$ $\boxed{o_i = o_{0i} + \Delta o_i}$

$\boxed{y_k = y_{0k} + \Delta y_k}$ $\boxed{x_k = x_{0k} + \Delta x_k}$ $\boxed{o_k = o_{0k} + \Delta o_k}$

Berechnung der Verbesserungen

a) aus linearen Verbesserungsgleichungen
b) aus nicht linearen Verbesserungsgleichungen

Vergleich beider Verbesserungen (Schlussprobe) Genauigkeit

a) s_0 = Standardabweichung **a priori**
  s_{x_i} = Standardabweichung der Unbekannten x_i
  s_{l_i} = Standardabweichung der Beobachtung **vor** der Ausgleichung (**a priori**)
  $s_{\bar{l}_i}$ = Standardabweichung der Beobachtung **nach** der Ausgleichung (**a posteriori**)

(siehe Abschnitt 11.1.3 Genauigkeit)

b) Fehlerellipse

Richtung der extremen Abweichung
Richtungswinkel der großen Halbachse der Fehlerellipse

$$\Theta = \frac{1}{2} \arctan\left(\frac{2Q_{xy}}{Q_{xx} - Q_{yy}} \right)$$

Gewichtsreziproke Q_{xx}, Q_{yy}, Q_{xy} aus der Gewichtsreziprokenmatrix $\mathbf{Q} = \mathbf{N}^{-1}$

Größe der extremen Abweichung

$$s^2_{max,min} = \frac{s_0^2}{2}\left(Q_{xx} + Q_{yy} \pm \sqrt{\left(Q_{xx} - Q_{yy}\right)^2 + 4Q_{xy}^2} \right)$$

Standardabweichung der Punkte

$$s_P = \sqrt{s^2_{max} + s^2_{min}} = s_0 \cdot \sqrt{\left(Q_{xx} + Q_{yy}\right)} = \sqrt{s_x^2 + s_y^2}$$

Abweichung in einer beliebigen Richtung t der Fehlerellipse

$$s_t = \sqrt{s^2_{max} \cdot \cos^2(t-\Theta) + s^2_{min} \cdot \sin^2(t-\Theta)}$$

11.3 Höhennetz - Ausgleichung mit beobachteten Höhenunterschieden

Beobachtungen: $l = $ *gemessener Höhenunterschied*

Verbesserungsgleichung

Für Höhenunterschied zwischen zwei Neupunkten P_i und P_k

$$\boxed{v_{ik} = x_k - x_i - l'_{ik}} \text{ mit } l'_{ik} = l_{ik}$$

Ist P_k ein bekannter Höhenfestpunkt mit der Höhe H_k, so gilt:

$$v_{ik} = H_k - x_i - l_{ik} \quad \text{und damit} \quad \boxed{v_{ik} = -x_i - l'_{ik}} \quad \text{mit } l'_{ik} = l_{ik} - H_k$$

Ist P_i ein bekannter Höhenfestpunkt mit der Höhe H_i, so gilt:

$$v_{ik} = x_k - H_i - l_{ik} \quad \text{und damit} \quad \boxed{v_{ik} = +x_k - l'_{ik}} \quad \text{mit } l'_{ik} = l_{ik} + H_i$$

$v = $ *Verbesserung*
$x = $ *Höhe des Neupunktes*
$H = $ *Höhe des Festpunktes*
$l' = $ *Absolutglied*

Matrizenschreibweise

$$\boxed{\mathbf{v} = \mathbf{A} \cdot \mathbf{x} - \mathbf{l'}; \mathbf{P}}$$

$\mathbf{v} = $ *Verbesserungsvektor*
$\mathbf{x} = $ *Vektor der Unbekannten*
$\mathbf{l} = $ *Beobachtungsvektor*
$\mathbf{l'} = $ *Absolutgliedvektor*
$\mathbf{P} = $ *Gewichtsmatrix*

Gewichtsansätze

beim geometrischen Nivellement $\quad \boxed{p = \dfrac{1}{s}} \quad s = $ *Entfernung*

bei trigonometrischer Höhenmessung $\boxed{p = \dfrac{1}{s^2}} \quad s = $ *Entfernung*

(kurze Distanzen)

Berechnung der Normalgleichungen, der Unbekannten, der Verbesserungen und der Genauigkeit

(siehe Abschnitt 11.1.2, Berechnung der Normalgleichungen, der Unbekannten und der Kofaktorenmatrizen)

12 Grundlagen der Statistik

12.1 Grundbegriffe der Statistik

Messabweichungen

Grober Fehler

falsche Ablesungen, Zielverwechslungen etc., die durch sorgfältige Arbeit vermieden werden und durch Kontrollmessungen aufgedeckt werden können

systematische Abweichung

- bekannte systematische Abweichungen (z. B. unzureichende Kalibrierung, Temperatureinflüsse) sollen durch Korrektionen beseitigt werden

- unbekannte systematische Abweichungen sind nur sehr schwer zu bestimmen

zufällige Abweichungen

nicht beherrschbare, nicht einseitig gerichtete Einflüsse während mehrerer Messungen am selben Messobjekt innerhalb einer Messreihe

Zufallsgrößen

X = Zufallsgröße

x_i = Beobachtungswert; Einzelwert für eine Zufallsgröße

L = Messgröße; Zufallsgröße, deren Wert durch Messung ermittelt wurde

l_i = Messwert; Einzelwert für eine Messgröße

Parameter der Wahrscheinlichkeitsverteilung

Erwartungswert

$\mu_x = E(x)$

Schätzwert für μ_x = arithmetischer Mittelwert $\bar{x}$

Varianz

Varianz σ^2 ist ein Streuungsmaß für die zufällige Abweichung eines einzelnen Messwertes vom Erwartungswert der Messgröße

Standardabweichung

Standardabweichung σ ist die **positive** Wurzel der Varianz

Schätzwert für σ = empirische Standardabweichung s

© Springer Fachmedien Wiesbaden GmbH, ein Teil von Springer Nature 2022
F. J. Gruber und R. Joeckel, *Formelsammlung für das Vermessungswesen*,
https://doi.org/10.1007/978-3-658-37873-8_12

Standardabweichung σ

Erwartungswert μ_x bekannt

zufällige Abweichung $\boxed{\epsilon_i = x_i - \mu_x}$

Varianz $\boxed{\sigma_x^2 = \dfrac{[\epsilon_i \epsilon_i]}{n}}$ $n \to \infty$

Standardabweichung $\boxed{\sigma_x = \sqrt{\dfrac{[\epsilon_i \epsilon_i]}{n}}}$ $n \to \infty$

$\mu_x = Erwartungswert$
$x_i = Beobachtungswert;\ Messwert$
$n = Anzahl\ der\ Beobachtungswerte$

empirische Standardabweichung s

Schätzwert für μ_x wird als arithmetischer Mittelwert $\bar{x}$ bestimmt

arithmetischer Mittelwert $\boxed{\bar{x} = \dfrac{[x_i]}{n}}$

Verbesserung $\boxed{v_i = \bar{x} - x_i}$

(empirische) Varianz $\boxed{s_x^2 = \dfrac{[v_i v_i]}{n-1}}$ $[v_i v_i] = [x_i^2] - \dfrac{[x_i]^2}{n}$

(empirische) Standardabweichung $\boxed{s_x = \sqrt{\dfrac{[v_i v_i]}{n-1}}}$

(empirische) Standardabweichung des Mittelwertes $\boxed{s_{\bar{x}} = \dfrac{s_x}{\sqrt{n}}}$

Freiheitsgrad (Redundanz) $\boxed{f = n - u}$

$x_i = Beobachtungswerte$
$n = Anzahl\ der\ Beobachtungswerte$
$u = Anzahl\ der\ Unbekannten;\ hier\ u = 1$

12.2 Wahrscheinlichkeitsfunktionen

12.2.1 Standardisierte Normalverteilung N(0,1)

Wahrscheinlichkeitsverteilung einer Zufallsgröße X mit
Erwartungswert $\mu_x = 0$ und Varianz $\sigma_x^2 = 1$

standardisierte normalverteilte Zufallsvariable

$$u = \frac{\overline{x} - \mu_x}{\sigma_x}$$

$\sigma_x =$ *Standardabweichung*
$\mu_x =$ *Erwartungswert*
$\overline{x} =$ *Mittelwert der Messwerte*

Wahrscheinlichkeitsdichte

$$\varphi(u) = \frac{1}{\sqrt{2\pi}} \exp\left(-\frac{u^2}{2}\right)$$

Verteilungsfunktion

$$\Phi(u) = P(X < u) = \int_{-\infty}^{u} \varphi(x)\, dx$$

p-Quantil der standardisierten Normalverteilung $\Phi(u_p) = p$

$u_p =$ Wert, für den die Verteilungsfunktion $\Phi(u)$ einer nach N(0,1) verteilten Zufallsgröße einen vorgegebenen Wert p annimmt

Einseitig begrenztes Intervall

$$\Phi(u_p) = P\left(-\infty < u < u_p\right)$$

Zweiseitig begrenztes Intervall

$$P\left(-u_{p_1} < u < u_{p_2}\right) = \Phi(u_{p_1}) + \Phi(u_{p_2}) - 1$$

Symmetrisches Intervall

$$P\left(-u_p < u < u_p\right) = 2\Phi(u_p) - 1$$

$$\Phi(u_p) = \frac{P+1}{2}$$

$u_p =$ Quantil der standardisierten Normalverteilung, kann rückwärts aus der Tabelle 1, Seite 185 entnommen werden

Zweiseitige Quantile der standardisierten Normalverteilung

$p\%$	50,00	68,30	90,00	95,00	98,00	99,00	99,73	99,90
$\Phi(u_p)$	0,75	0,84	0,95	0,98	0,99	1,00	1,00	1,00
u_p	0,68	1,00	1,64	1,96	2,33	2,58	3,00	3,03

12.3 Vertrauensbereiche (Konfidenzbereiche)

12.3.1 Vertrauensniveau

$$p = 1 - \alpha$$

$\alpha = Irrtumswahrscheinlichkeit$
Anmerkung: Wenn nichts anders vereinbart ist, soll $1 - \alpha = 0,95$ benutzt werden.

12.3.2 Vertrauensintervall für den Erwartungswert μ

$$P(C_{\mu,u} \leq \mu_x \leq C_{\mu,o}) = 1 - \alpha$$

Vertrauensgrenzen - Standardabweichung σ_x bekannt:
standardisierte Normalverteilung

untere Vertrauensgrenze   obere Vertrauensgrenze

$$C_{\mu,u} = \bar{x} - u_p \cdot \frac{\sigma_x}{\sqrt{n}}$$ $$C_{\mu,o} = \bar{x} + u_p \cdot \frac{\sigma_x}{\sqrt{n}}$$

Standardabweichung σ_x unbekannt:
t-Verteilung

untere Vertrauensgrenze   obere Vertrauensgrenze

$$C_{\mu,u} = \bar{x} - s_{\bar{x}} \cdot t_{f;1-\alpha/2}$$ $$C_{\mu,o} = \bar{x} + s_{\bar{x}} \cdot t_{f;1-\alpha/2}$$

$\bar{x} = Mittelwert der Messwerte$
$n = Anzahl der Messwerte$
$u_p = Quantil der$ **standardisierten Normalverteilung**
$\sigma_x = Standardabweichung$
$t_{f;p} = Quantil der$ **t-Verteilung** (Tabelle 2, Seite 186)
$s_{\bar{x}} = empirische Standardabweichung \quad s_{\bar{x}} = \dfrac{s_x}{\sqrt{n}}$

12.3.3 Vertrauensintervall für die Standardabweichung

$$P(C_{\sigma,u} \leq \sigma_x \leq C_{\sigma,o}) = 1 - \alpha$$

Vertrauensgrenzen $\chi^2 - $ **Verteilung**

untere Vertrauensgrenze   obere Vertrauensgrenze

$$C_{\sigma,u} = s_x \cdot \sqrt{\frac{f}{\chi^2_{f;1-\alpha/2}}}$$ $$C_{\sigma,o} = s_x \cdot \sqrt{\frac{f}{\chi^2_{f;\alpha/2}}}$$

$\chi^2_{f;1-\alpha/2}$, $\chi^2_{f;\alpha/2} = Quantile der \chi^2 - $ **Verteilung** (Tabelle 3, Seite 187)
$f = n - 1 = Freiheitsgrade$
$s_x = empirische Standardabweichung$

12.4 Testverfahren

Testniveau: $\boxed{p = 1 - \alpha}$ $\alpha = Irrtumswahrscheinlichkeit$

5% Signifikanz: $\alpha = 0,05$
1% Hochsignifikanz: $\alpha = 0,01$
Signifikanzbeweise sind in 5% aller Fälle Fehlschlüsse
Hochsignifikanzbeweise sind in 1% aller Fälle Fehlschlüsse

12.4.1 Signifikanztest für den Mittelwert

t-Verteilung

Gegenüberstellung $\boxed{\text{Testgröße } t_f = \dfrac{\overline{x} - \mu_x}{s_{\overline{x}}}}$ $\Leftrightarrow$ Quantil der t-Verteilung $t_{f,p}$

Nullhypothese $\boxed{\overline{x} = \mu_x}$

$\mu_x < \overline{x}$: einseitige Fragestellung $(1 - \alpha)$
$\mu_x >< \overline{x}$: zweiseitige Fragestellung $(1 - \alpha/2)$

Nullhypothese verwerfen $\boxed{t_f > t_{f,p}}$ d.h. $\overline{x}$ ist signifikant $>$ bzw $< \mu_x$

$\overline{x} = Mittelwert$
$\mu_x = Erwartungswert$
$s_{\overline{x}} = empirische\ Standardabweichung\ des\ Mittelwertes$
$f = Freiheitsgrade$
$t_{f,p} = Quantil\ der\ \textbf{t-Verteilung}\ (Tabelle\ 2,\ Seite\ 186)$
Beim Vergleich zweier Mittelwerte gilt:

$\overline{x} - \mu_x = \overline{x}_1 - \overline{x}_2$ $s_{\overline{x}}^2 = s_{\overline{x}_1}^2 + s_{\overline{x}_2}^2$ $f = f_1 + f_2$

12.4.2 Signifkanztest für Varianzen $s_1 > s_2$

F-Verteilung

Gegenüberstellung $\boxed{\text{Testgröße } \dfrac{s_1^2}{s_2^2}}$ $\Leftrightarrow$ Quantil der F-Verteilung $F_{f_1,f_2;p}$

Nullhypothese $\boxed{\dfrac{s_1^2}{s_2^2} = 1}$ einseitige Fragestellung

Nullhypothese verwerfen $\boxed{\dfrac{s_1^2}{s_2^2} > F_{f_1,f_2;p} > 1}$ d.h. s_1^2 ist signifikant $> s_2^2$

$s_1^2 = Varianz\ mit\ f_1\ Freiheitsgraden$
$s_2^2 = Varianz\ mit\ f_2\ Freiheitsgraden$
$F_{f_1,f_2;p} = Quantil\ der\ \textbf{F-Verteilung}\ (Tabelle\ 4,\ Seite\ 188)$

12.5 Messunsicherheit

Das Messergebnis aus einer Messreihe ist der um die bekannte systematische Abweichung berichtigte Mittelwert $\bar{x}_E$ verbunden mit einem Intervall, in dem vermutlich der wahre Wert der Messgröße liegt.

$$\boxed{y = \bar{x}_E \pm u}$$

Die Differenz zwischen der oberen Grenze dieses Intervalls und dem berichtigten Mittelwert bzw. der unteren Grenze dieses Intervalls wird als **Messunsicherheit** u bezeichnet.

Die Messunsicherheit setzt sich aus einer **Zufallskomponente u_z** und einer **systematischen Komponente u_s** zusammen.

Zufallskomponente u_z

Messreihe unter Wiederholungsbedingungen bei unbekannter Wiederholstandardabweichung σ_r

$$\boxed{u_z = \frac{t}{\sqrt{n}} \cdot s}$$

Messreihe unter Wiederholbedingungen mit wenigen Einzelwerten bei bekannter Wiederholstandardabweichung σ_r

$$\boxed{u_z = \frac{t_\infty}{\sqrt{n}} \cdot \sigma_r}$$

$t =$ Quantil der t-Verteilung
$n =$ Anzahl der Beobachtungswerte
$s =$ empirische Standardabweichung
$\sigma_r =$ bekannte Standardabweichung

Systematische Komponente u_s

kann im allgemeinen nur anhand ausreichender experimenteller Erfahrung abgeschätzt werden

Zusammensetzung der Komponenten zur Messunsicherheit u

Lineare Addition $\boxed{u = u_z + u_s}$ $u_z \gg u_s$

Quadratische Addition $\boxed{u = \sqrt{u_z^2 + u_s^2}}$ $u_z \approx u_s$

Besteht die Messunsicherheit u nur aus der Zufallskomponenten, entspricht die Messunsicherheit dem halben Vertrauensbereich.

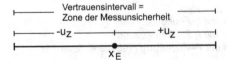

12.6 Toleranzen

Toleranzbegriffe

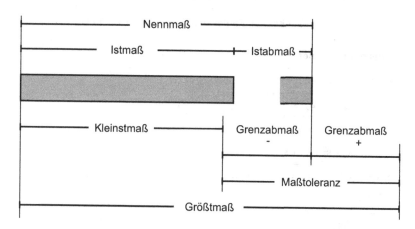

Nennmaß (Sollmaß): Maß, das zur Kennzeichnung von Größe, Gestalt und Lage eines Bauteils oder Bauwerks angegeben und in Zeichnungen eingetragen wird

Istmaß: Durch Messung festgestelltes Maß

Istabmaß: Differenz zwischen Istmaß und Nennmaß

Größtmaß: Das größte zulässige Maß

Kleinstmaß: Das kleinste zulässige Maß

Grenzabmaß: Differenz zwischen Größtmaß und Nennmaß oder Kleinstmaß und Nennmaß

Maßtoleranz: Differenz zwischen Größtmaß und Kleinstmaß

12.7 Varianz

12.7.1 Varianz aus Funktionen unabhängiger Beobachtungen - Varianzfortpflanzungsgesetz

Gaußsches Fehlerfortpflanzungsgesetz FFG

Lineare Funktionen

a) $x = a_1 l_1 + a_2 l_2 + \ldots + a_n l_n$

$$s_x^2 = a_1^2 \cdot s_1^2 + a_2^2 \cdot s_2^2 + \ldots + a_n^2 \cdot s_n^2$$

b) $x = l_1 + l_2 + \ldots + l_n$

$$s_x^2 = s_1^2 + s_2^2 + \ldots + s_n^2$$

c) $x = l_1 + l_2 + \ldots + l_n$ und $s_1 = s_2 = s_n = s$

$$s_x^2 = n \cdot s^2$$

$l_i = $ Messwert
$a_i = $ Koeffizienten
$s_i = $ Standardabweichung einer Messung
$n = $ Anzahl der Messungen

Nichtlineare Funktionen

$x = f(l_1, l_2, \ldots, l_n)$

Linearisierung durch das totale Differential

$$dx = \frac{\partial f}{\partial l_1} \cdot dl_1 + \frac{\partial f}{\partial l_2} \cdot dl_2 + \ldots + \frac{\partial f}{\partial l_n} \cdot dl_n$$

Varianzfortpflanzungsgesetz (Gaußsches Fehlerfortpflanzungsgesetz)

$$s_x^2 = \left(\frac{\partial f}{\partial l_1}\right)^2 \cdot s_1^2 + \left(\frac{\partial f}{\partial l_2}\right)^2 \cdot s_2^2 + \ldots + \left(\frac{\partial f}{\partial l_n}\right)^2 \cdot s_n^2$$

$l_i = $ Messwert
$n = $ Anzahl der Messungen
$s_i = $ Standardabweichung einer Messung

12.7.2 Varianz aus Funktionen gegenseitig abhängiger (korrelierter) Beobachtungen - Kovarianzfortpflanzungsgesetz

Allgemeines Fehlerfortpflanzungsgesetz

Funktion: $y = f(x_1, x_2, \ldots, x_n)$

Linearisierung durch das totale Differential

$$dy = \frac{\partial f}{\partial x_1} \cdot dx_1 + \frac{\partial f}{\partial x_2} \cdot dx_2 + \ldots + \frac{\partial f}{\partial x_n} \cdot dx_n$$

Varianz der Funktion y Kovarianzfortpflanzungsgesetz

$$s_y^2 = \left(\frac{\partial f}{\partial l_1}\right)^2 \cdot s_1^2 + \left(\frac{\partial f}{\partial l_2}\right)^2 \cdot s_2^2 + \ldots + \left(\frac{\partial f}{\partial l_n}\right)^2 \cdot s_n^2$$
$$+ 2\left(\frac{\partial f}{\partial x_1} \cdot \frac{\partial f}{\partial x_2} \cdot s_{12} + \frac{\partial f}{\partial x_1} \cdot \frac{\partial f}{\partial x_3} \cdot s_{13} + \ldots + \frac{\partial f}{\partial x_{n-1}} \cdot \frac{\partial f}{\partial_n} \cdot s_{n-1,n}\right)$$

$s_{12} \ldots s_{n-1,n} =$ *Kovarianzen zwischen voneinander* **abhängigen** *Variablen x_i*
$s_i =$ *Standardabweichungen*
$s_y^2 = s_0^2 \cdot q_{yy}$
$s_0 =$ *Standardabweichung der Gewichtseinheit*
$q_{yy} =$ *Gewichtsreziproke der Funktion y*

Matrizenschreibweise

m-dimensionaler Vektor $\mathbf{y} =$ Funktion des n-dimensionalen Vektors $\mathbf{x}$

Funktion
$$\mathbf{y} = f(\mathbf{x}) = \begin{pmatrix} f_1(x_1, x_2, \cdots, x_n) \\ f_2(x_1, x_2, \cdots, x_n) \\ \vdots \\ f_m(x_1, x_2, \cdots, x_n) \end{pmatrix}$$

Kovarianzmatrix der Funktion $\mathbf{y}$ $\Sigma_{yy} = \mathbf{F} \cdot \Sigma_{xx} \cdot \mathbf{F}^T$

Die partiellen Ableitungen $f(\mathbf{x})$ der Operators $f(\mathbf{x})$ werden zusammengefasst in der

Funktionsmatrix
$$\mathbf{F} = \begin{pmatrix} \frac{\partial f_1}{\partial x_1} & \frac{\partial f_1}{\partial x_2} & \cdots & \frac{\partial f_1}{\partial x_n} \\ \frac{\partial f_2}{\partial x_1} & \frac{\partial f_2}{\partial x_2} & \cdots & \frac{\partial f_2}{\partial x_n} \\ \vdots & \vdots & \ddots & \vdots \\ \frac{\partial f_m}{\partial x_1} & \frac{\partial f_m}{\partial x_2} & \cdots & \frac{\partial f_m}{\partial x_n} \end{pmatrix}$$

Kovarianzmatrix von $\mathbf{x}$ Kofaktorenmatrix

$$\Sigma_{xx} = s_0^2 \cdot \mathbf{Q}_{xx} = \begin{pmatrix} s_1^2 & s_{12} & \cdots & s_{1n} \\ s_{21} & s_2^2 & \cdots & s_{2n} \\ \vdots & \vdots & \ddots & \vdots \\ s_{n1} & s_{n2} & \cdots & s_n^2 \end{pmatrix} \qquad \mathbf{Q}_{xx} = \begin{pmatrix} q_{11} & q_{12} & \cdots & q_{1n} \\ q_{21} & q_{22} & \cdots & q_{2n} \\ \vdots & \vdots & \ddots & \vdots \\ q_{n1} & q_{n2} & \cdots & q_{nn} \end{pmatrix}$$

12.8 Standardabweichung

12.8.1 Standardabweichung aus direkten Beobachtungen

mit gleicher Genauigkeit

Einfaches arithmetisches Mittel

$$\bar{l} = \frac{[l_i]}{n}$$

Standardabweichung einer Beobachtung

$$s = \sqrt{\frac{[v_i v_i]}{n-1}}$$

$$[v_i v_i] = [l_i{}^2] - \frac{[l_i]^2}{n}$$

Standardabweichung des arithmetischen Mittels

$$s_{\bar{l}} = \frac{s}{\sqrt{n}}$$

$l_i = $ Messwert
$n = $ Anzahl der Messungen
$v_i = \bar{l} - l_i$

mit verschiedener Genauigkeit

Allgemeines arithmetisches Mittel

$$\bar{l} = \frac{[l_i p_i]}{[p_i]}$$

Standardabweichung einer Beobachtung vom Gewicht 1

$$s_0 = \sqrt{\frac{[p_i v_i v_i]}{n-1}}$$

$$[p_i v_i v_i] = [p_i l_i{}^2] - \frac{[p_i l_i]^2}{[p_i]}$$

Standardabweichung des arithmetischen Mittels

$$s_{\bar{l}} = \frac{s_0}{\sqrt{[p_i]}}$$

Standardabweichung einer Beobachtung vom Gewicht p_i

$$s_i = \frac{s_0}{\sqrt{p_i}}$$

$l_i = $ Messwert
$n = $ Anzahl der Messungen
$p_i = $ Gewicht
$v_i = \bar{l} - l_i$

Probe: $[v_i] = 0$ bzw. $[v_i p_i] = 0$

12.8.2 Standardabweichung aus Beobachtungsdifferenzen (Doppelmessung)

mit gleicher Genauigkeit

Standardabweichung der Einzelmessung

$$s = \sqrt{\frac{[d_i d_i]}{2n}}$$

Standardabweichung der Doppelmessung

$$s_M = \sqrt{\frac{[d_i d_i]}{4n}} = \frac{s}{\sqrt{2}}$$

d_i = Differenz zwischen 1. und 2. Messung
n = Anzahl der Differenzen

mit verschiedener Genauigkeit

Standardabweichung der Einzelmessung vom Gewicht 1

$$s_0 = \sqrt{\frac{[d_i d_i p_i]}{2n}}$$

Standardabweichung der Doppelmessung

$$s_M = \sqrt{\frac{[d_i d_i p_i]}{4n}} = \frac{s_0}{\sqrt{2}}$$

d_i = Differenz zwischen 1. und 2. Messung
n = Anzahl der Differenzen
p_i = Gewicht

12.9 Gewichte - Gewichtsreziproke

Gewichte $p_1 : p_2 : \ldots : p_n : 1 = \dfrac{1}{s_1^2} : \dfrac{1}{s_2^2} : \ldots : \dfrac{1}{s_n^2} : \dfrac{1}{s_0^2} \Rightarrow \dfrac{p_1}{p_2} = \dfrac{s_2^2}{s_1^2}$

Gewicht p_i

$$\boxed{p_i = \dfrac{s_0^2}{s_i^2}}$$

$$\boxed{s_i^2 = \dfrac{s_0^2}{p_i}}$$

Gewichtsfortpflanzungsgesetz

Funktion: $x = a_1 l_1 + a_2 l_2 + \ldots + a_n l_n$

Gewicht der Funktion

$$\boxed{\dfrac{1}{p_x} = \dfrac{s_x^2}{s_0^2} = \dfrac{a_1^2}{p_1} + \dfrac{a_2^2}{p_2} + \ldots + \dfrac{a_n^2}{p_n}}$$

s_i = Standardabweichung
s_0 = Standardabweichung vom Gewicht 1,
      Gewichtseinheitsfehler
a_i = Koeffizienten
l_i = Messwerte

Gewichtsreziproke $q_1 : q_2 : \ldots : q_n : 1 = s_1^2 : s_2^2 : \ldots : s_n^2 : s_0^2 \Rightarrow \dfrac{q_1}{q_2} = \dfrac{s_1^2}{s_2^2}$

Gewichtsreziproke

$$\boxed{q_i = \dfrac{s_i^2}{s_0^2}}$$

$$\boxed{s_i^2 = s_0^2 \cdot q_i}$$

s_i = Standardabweichung
s_0 = Standardabweichung vom Gewicht 1,
      Gewichtseinheitsfehler

Kofaktorenfortpflanzungsgesetz

Funktion: $x = a_1 l_1 + a_2 l_2 + \ldots + a_n l_n$

Gewichtsreziproke der Funktion

$$\boxed{q_{xx} = \dfrac{s_x^2}{s_0^2} = a_1^2 \cdot q_1 + a_2^2 \cdot q_2 + \ldots + a_n^2 \cdot q_n}$$

s_i = Standardabweichung
s_0 = Standardabweichung vom Gewicht 1,
      Gewichtseinheitsfehler
a_i = Koeffizienten
l_i = Messwerte

12.10 Tabellen von Wahrscheinlichkeitsverteilungen

Verteilungsfunktion der standardisierten Normalverteilung

$$\Phi(u) = \frac{1}{\sqrt{2\pi}} \int_{-\infty}^{u} e^{-\frac{x^2}{2}} dx = \frac{1}{2}\left(1 + \operatorname{erf}\left(\frac{u}{\sqrt{2}}\right)\right)$$

mit der Fehlerfunktion erf(x).

Tabelle 1   Werte der Verteilungsfunktion der standardisierten Normalverteilung

u/p	0	0,01	0,02	0,03	0,04	0,05	0,06	0,07	0,08	0,09
0	0,500000	0,503989	0,507978	0,511966	0,515953	0,519939	0,523922	0,527903	0,531881	0,535856
0,1	0,539828	0,543795	0,547758	0,551717	0,555670	0,559618	0,563559	0,567495	0,571424	0,575345
0,2	0,579260	0,583166	0,587064	0,590954	0,594835	0,598706	0,602568	0,606420	0,610261	0,614092
0,3	0,617911	0,621720	0,625516	0,629300	0,633072	0,636831	0,640576	0,644309	0,648027	0,651732
0,4	0,655422	0,659097	0,662757	0,666402	0,670031	0,673645	0,677242	0,680822	0,684386	0,687933
0,5	0,691462	0,694974	0,698468	0,701944	0,705401	0,708840	0,712260	0,715661	0,719043	0,722405
0,6	0,725747	0,729069	0,732371	0,735653	0,738914	0,742154	0,745373	0,748571	0,751748	0,754903
0,7	0,758036	0,761148	0,764238	0,767305	0,770350	0,773373	0,776373	0,779350	0,782305	0,785236
0,8	0,788145	0,791030	0,793892	0,796731	0,799546	0,802337	0,805105	0,807850	0,810570	0,813267
0,9	0,815940	0,818589	0,821214	0,823814	0,826391	0,828944	0,831472	0,833977	0,836457	0,838913
1	0,841345	0,843752	0,846136	0,848495	0,850830	0,853141	0,855428	0,857690	0,859929	0,862143
1,1	0,864334	0,866500	0,868643	0,870762	0,872857	0,874928	0,876976	0,879000	0,881000	0,882977
1,2	0,884930	0,886861	0,888768	0,890651	0,892512	0,894350	0,896165	0,897958	0,899727	0,901475
1,3	0,903200	0,904902	0,906582	0,908241	0,909877	0,911492	0,913085	0,914657	0,916207	0,917736
1,4	0,919243	0,920730	0,922196	0,923641	0,925066	0,926471	0,927855	0,929219	0,930563	0,931888
1,5	0,933193	0,934478	0,935745	0,936992	0,938220	0,939429	0,940620	0,941792	0,942947	0,944083
1,6	0,945201	0,946301	0,947384	0,948449	0,949497	0,950529	0,951543	0,952540	0,953521	0,954486
1,7	0,955435	0,956367	0,957284	0,958185	0,959070	0,959941	0,960796	0,961636	0,962462	0,963273
1,8	0,964070	0,964852	0,965620	0,966375	0,967116	0,967843	0,968557	0,969258	0,969946	0,970621
1,9	0,971283	0,971933	0,972571	0,973197	0,973810	0,974412	0,975002	0,975581	0,976148	0,976705
2	0,977250	0,977784	0,978308	0,978822	0,979325	0,979818	0,980301	0,980774	0,981237	0,981691
2,1	0,982136	0,982571	0,982997	0,983414	0,983823	0,984222	0,984614	0,984997	0,985371	0,985738
2,2	0,986097	0,986447	0,986791	0,987126	0,987455	0,987776	0,988089	0,988396	0,988696	0,988989
2,3	0,989276	0,989556	0,989830	0,990097	0,990358	0,990613	0,990863	0,991106	0,991344	0,991576
2,4	0,991802	0,992024	0,992240	0,992451	0,992656	0,992857	0,993053	0,993244	0,993431	0,993613
2,5	0,993790	0,993963	0,994132	0,994297	0,994457	0,994614	0,994766	0,994915	0,995060	0,995201
2,6	0,995339	0,995473	0,995604	0,995731	0,995855	0,995975	0,996093	0,996207	0,996319	0,996427
2,7	0,996533	0,996636	0,996736	0,996833	0,996928	0,997020	0,997110	0,997197	0,997282	0,997365
2,8	0,997445	0,997523	0,997599	0,997673	0,997744	0,997814	0,997882	0,997948	0,998012	0,998074
2,9	0,998134	0,998193	0,998250	0,998305	0,998359	0,998411	0,998462	0,998511	0,998559	0,998605
3	0,998650	0,999032	0,999313	0,999517	0,999663	0,999767	0,999841	0,999892	0,999928	0,999952

Verteilungsfunktion der t-Verteilung mit f Freiheitsgraden

$$\Phi(u) = \frac{\Gamma\left(\frac{f+1}{2}\right)}{\sqrt{f\pi}\,\Gamma\left(\frac{f}{2}\right)} \int_{-\infty}^{u} \left(1 + \frac{x^2}{f}\right)^{-\frac{f+1}{2}} dx$$

unter Verwendung der Gamma-Funktion $\Gamma(x) = \int_{0}^{\infty} t^{x-1}e^{-t}dt$

p-Quantil der t-Verteilung $t_{f,p}$ mit $\Phi(t_{f,p}) = p$

Tabelle 2   **Quantile der t-Verteilung nach „Student" $t_{f,p}$**

$p = 1-\alpha$	0,841	0,90	0,95	0,975	0,99	0,995	0,9995
f							
1	1,83	3,08	6,31	12,71	31,82	63,66	636,62
2	1,32	1,89	2,92	4,30	6,96	9,92	31,60
3	1,19	1,64	2,35	3,18	4,54	5,84	12,92
4	1,14	1,53	2,13	2,78	3,75	4,60	8,61
5	1,11	1,48	2,02	2,57	3,36	4,03	6,87
6	1,09	1,44	1,94	2,45	3,14	3,71	5,96
7	1,08	1,41	1,89	2,36	3,00	3,50	5,41
8	1,06	1,40	1,86	2,31	2,90	3,36	5,04
9	1,06	1,38	1,83	2,26	2,82	3,25	4,78
10	1,05	1,37	1,81	2,23	2,76	3,17	4,59
15	1,03	1,34	1,75	2,13	2,60	2,95	4,07
20	1,02	1,33	1,72	2,09	2,53	2,85	3,85
25	1,02	1,32	1,71	2,06	2,49	2,79	3,73
30	1,02	1,31	1,70	2,04	2,46	2,75	3,65
40	1,01	1,30	1,68	2,02	2,42	2,70	3,55
∞	1,00	1,28	1,64	1,96	2,33	2,58	3,29

Verteilungsfunktion der χ^2-Verteilung mit f Freiheitsgraden

$$\Phi(u) = \frac{1}{2^{f/2} \cdot \Gamma(\frac{f}{2})} \cdot \int_0^u x^{\frac{f-2}{2}} \cdot e^{-\frac{x}{2}} dx$$

p-Quantil der χ^2-Verteilung $\chi^2_{f,p}$ mit $\Phi(\chi^2_{f,p}) = p$

Tabelle 3   **Quantile der χ^2 -Verteilung** $\chi^2_{f,\alpha/2}, \chi^2_{f,1-\alpha/2}$

	$\alpha = 0,05$		$\alpha = 0,01$	
	$\alpha/2$	$1-\alpha/2$	$\alpha/2$	$1-\alpha/2$
f	p			
	0,025	0,975	0,005	0,995
1	0,001	5,02	0,000	7,88
2	0,051	7,38	0,010	10,60
3	0,216	9,35	0,072	12,84
4	0,484	11,14	0,207	14,86
5	0,831	12,83	0,412	16,75
6	1,24	14,45	0,676	18,55
7	1,69	16,01	0,989	20,28
8	2,18	17,53	1,34	21,95
9	2,70	19,02	1,73	23,59
10	3,25	20,48	2,16	25,19
20	9,59	34,17	7,43	40,00
30	16,79	46,98	13,79	53,67
40	24,43	59,34	20,71	66,77
50	32,36	71,42	27,99	79,49
100	74,22	129,56	67,33	140,17

Verteilungsfunktion der F-Verteilung mit f_1 Freiheitsgraden im Zähler und f_2 Freiheitsgraden im Nenner

$$\Phi(u) = \frac{\Gamma\left(\frac{f_1+f_2}{2}\right)}{\Gamma\left(\frac{f_1}{2}\right)\cdot\Gamma\left(\frac{f_2}{2}\right)}\cdot f_1^{\frac{f_1}{2}}\cdot f_2^{\frac{f_2}{2}}\int_0^u \frac{x^{(f_1-2)/2}}{(f_2+f_1\cdot x)^{(f_1+f_2)/2}}dx$$

p-Quantil der F-Verteilung $F_{f_1,f_2;p}$ mit $\Phi(F_{f_1,f_2;p})=p$

Tabelle 4   Quantile der F-Verteilung $F_{f_1,f_2;p}$

p	f_2 \ f_1	3	4	5	6	8	10	15	20	50	100	∞
0,95	3	9,3	9,1	9,0	8,9	8,8	8,8	8,7	8,7	8,6	8,6	8,5
0,99		29,5	28,7	28,2	27,9	27,5	27,2	26,9	26,7	26,4	26,2	26,1
0,95	4	6,6	6,4	6,3	6,2	6,0	6,0	5,9	5,8	5,7	5,7	5,6
0,99		16,7	16,0	15,5	15,2	14,8	14,5	14,2	14,0	13,7	13,6	13,5
0,95	5	5,4	5,2	5,1	5,0	4,8	4,7	4,6	4,6	4,4	4,4	4,4
0,99		12,1	11,4	11,0	10,7	10,3	10,1	9,7	9,6	9,2	9,1	9,0
0,95	6	4,8	4,5	4,4	4,3	4,1	4,1	3,9	3,9	3,8	3,7	3,7
0,99		9,8	9,1	8,7	8,5	8,1	7,9	7,6	7,4	7,1	7,0	6,9
0,95	8	4,1	3,8	3,7	3,6	3,4	3,3	3,2	3,2	3,0	3,0	2,9
0,99		7,6	7,0	6,6	6,4	6,0	5,8	5,5	5,4	5,1	5,0	4,9
0,95	10	3,7	3,5	3,3	3,2	3,1	3,0	2,8	2,8	2,6	2,6	2,5
0,99		6,6	6,0	5,6	5,4	5,1	4,8	4,6	4,4	4,1	4,0	3,9
0,95	15	3,3	3,1	2,9	2,8	2,6	2,5	2,4	2,3	2,2	2,1	2,1
0,99		5,4	4,9	4,6	4,3	4,0	3,8	3,5	3,4	3,1	3,0	2,9
0,95	20	3,1	2,9	2,7	2,6	2,4	2,3	2,2	2,1	2,0	1,9	1,8
0,99		4,9	4,4	4,1	3,9	3,6	3,4	3,1	2,9	2,6	2,5	2,4
0,95	100	2,7	2,5	2,3	2,2	2,0	1,9	1,8	1,7	1,5	1,4	1,3
0,99		4,0	3,5	3,2	3,0	2,7	2,5	2,2	2,1	1,7	1,6	1,4
0,95	∞	2,6	2,4	2,2	2,1	1,9	1,8	1,7	1,6	1,4	1,2	1,0
0,99		3,8	3,3	3,0	2,8	2,5	2,3	2,0	1,9	1,5	1,4	1,0

Abkürzungen

AdV	Arbeitsgemeinschaft der Vermessungsverwaltungen der Länder der Bundesrepublik Deutschland
AFIS	Amtliches Festpunktinformationssystem
ALKIS	Amtliches Liegenschaftskatasterinformationssystem
ATKIS	Amtliches Topographisch-Kartographisches Informationssystem
AVN	Allgemeine Vermessungs-Nachrichten
BBD	BodenBewegungsdienst Deutschland
BIM	Building Information Modeling
BKG	Bundesamt für Kartographie und Geodäsie
DGK	Deutsche Geodätische Kommission
DGM	Digitales Geländemodell
DGNSS	Differenzielles GNSS
DGPS	Differenzielles GPS
DHDN	Deutsches Hauptdreiecksnetz
DHHN	Deutsches Haupthöhennetz
DLM	Digitales Landschaftsmodell
DOM	Digitales Oberflächenmodell
DTK	Digitale Topographische Karten
DREF	Deutsches Referenzennetz
EPS	Echtzeit Positionierungsservice
ETRF	European Terrestrial Frame
ETRS	European Terrestrial System
EUREF	European Reference Frame
GDI	Geodateninfrastruktur
GIS	Geoinformationssystem
GLONASS	Global'naya Navigatsioannaya Sputnikovaya Sistema
GNSS	Global Navigation Satellite System
GPPS	Geodätischer Präziser Positionierungsservice
GPS	Global Positioning System
GRS	Geodetic Reference System
HEPS	Hochpräziser EPS
HN	Höhennull
ITRF	International Reference Frame
KI	Künstliche Intelligenz
LOD	Level of Detail (Geländemodell); Level of Development (BIM/Gebäudemodell)
LGL	Landesamt für Geoinformation und Landentwicklung
LVA	Landesvermessungsamt

© Springer Fachmedien Wiesbaden GmbH, ein Teil von Springer Nature 2022
F. J. Gruber und R. Joeckel, *Formelsammlung für das Vermessungswesen*,
https://doi.org/10.1007/978-3-658-37873-8

ML	Machine Learning
MMS	Mobile Mapping System
NAS	Normbasierte Austauschschnittstelle für AFIS, ALKIS, ATKIS
NHN	Normalhöhen-Null
NN	Normalnull
PD	Potsdamer Datum
PDGNSS	Präzises DGNSS
PDGPS	Präzises DGPS
PPS	Precise Positioning Service
PPP	Precise Point Positioning
RINEX	Receiver Independent Exchange Format
SAPOS	Satellitenpositionierungsdienst der deutschen Landesvermessung
TLS	Terrestrisches Laserscanning
UAS	Unmanned Aircraft System
UAV	Unmanned Aerial Vehicle
UT	Universal Time
UTC	Universal Time Coordinated
UTM	Universal Transverse Mercator
VLBI	Very Long Baseline Interferometry
VR	Virtual Realitiy
WGS	World Geodetic System
ZfV	Zeitschrift für Geodäsie, Geoinformation und Landmanagement

Internetportale

www.adv-online.de
Arbeitsgemeinschaft der Vermessungsverwaltungen

www.bkg.bund.de
Bundesamt für Kartographie und Geodäsie

www.geoportal.de
Geodateninfrastruktur Deutschland (GDI-DE)

www.geodatenzentrum.de
WebAtlasDE und DOP-Viewer

www.sapos.de
Satellitenpositionierungsdienst der deutschen Landesvermessung

www.hoetra2016.nrw.de
Höhentransformationsmodell zwischen DHHN92 und DHHN 2016

www.bibliothek.kit.edu
Internationaler Buchkatalog

earth.google.de
Satellitenbilder

www.dvw.de
DVW e.V. Gesellschaft für Geodäsie, Geoinformation und Landmanagement

© Springer Fachmedien Wiesbaden GmbH, ein Teil von Springer Nature 2022
F. J. Gruber und R. Joeckel, *Formelsammlung für das Vermessungswesen*,
https://doi.org/10.1007/978-3-658-37873-8

Literaturhinweise

Bauer, *Manfred:*
Vermessung und Ortung mit Satelliten.7. Auflage 2018, Berlin: VDE Verlag (Wichmann)

Baumann, *Eberhard:*
Vermessungskunde: Lehr- und Übungsbuch für Ingenieure
Band 1: Einfache Lagemessung und Nivellement, 5. Auflage 1999
Band 2: Punktbestimmung nach Lage und Höhe, 6. Auflage 1998 Bonn: Ferd. Dümmler

Dresbach, *Dieter;* **Kriegel**, *Otto:*
Kataster ABC. 4. Auflage 2007, Heidelberg: Wichmann

Heck, *Bernhard:*
Rechenverfahren und Auswertemodelle der Landesvermessung. 3. Auflage 2003, Heidelberg: Wichmann

Joeckel, *Rainer;* **Stober**, *Manfred;* **Huep**, *Wolfgang:*
Elektronische Entfernungs- und Richtungsmessung und ihre Integration in aktuelle Positionierungsverfahren. 5. Auflage 2008, Heidelberg: Wichmann

Kahmen , *Heribert:*
Vermessungskunde. 20. überarbeitete Auflage 2005, Berlin: W. de Gruyter

Kummer, *Klaus;* **Kötter**, *Theo;* **Kutterer* , *Hansjörg;* **Ostrau**, *Stefan (Hrsg.):*
Das deutsche Vermessungs- und Geoinformationswesen 2020. 2020, Berlin: VDE Verlag (Wichmann)

Luhmann, *Thomas:*
Nahbereichsphotogrammetrie. 4. Auflage 2018, Berlin: VDE Verlag (Wichmann)

Möser, *Michael:*
Ingenieurbau. 2. Auflage 2016, Berlin: VDE Verlag (Wichmann)

Resnik, *Boris;* **Bill**, *Ralf*
Vermessungskunde für den Planungs-, Bau- und Umweltbereich. 4. Auflage 2018, Berlin: VDE Verlag (Wichmann)

Schödlbauer, *Albert:*
Rechenformeln und Rechenbeispiele zur Landesvermessung. Wichmann- Skripten Heft 2 Teil 1-3 1982, Karlsruhe: Wichmann

Vermessungswesen:
Normen (DIN Taschenbuch 111). 8. Auflage 2020, Berlin: Beuth

Witte, *Bertold ;* **Sparla**, *Peter;* **Blankenbach**, *Jörg:*
Vermessungskunde für das Bauwesen mit Grundlagen des Building Information Modeling (BIM) und der Statistik. 9. Auflage 2020, Berlin: VDE Verlag (Wichmann)

Wunderlich, *Thomas (Hrsg.):*
Ingenieurvermessung 20. 2020, Berlin: VDE Verlag (Wichmann)

© Springer Fachmedien Wiesbaden GmbH, ein Teil von Springer Nature 2022
F. J. Gruber und R. Joeckel, *Formelsammlung für das Vermessungswesen*,
https://doi.org/10.1007/978-3-658-37873-8

Stichwortverzeichnis

© Springer Fachmedien Wiesbaden GmbH, ein Teil von Springer Nature 2022
F. J. Gruber und R. Joeckel, *Formelsammlung für das Vermessungswesen*,
https://doi.org/10.1007/978-3-658-37873-8

Printed in the United States
by Baker & Taylor Publisher Services

Printed in the United States
by Baker & Taylor Publisher Services